Aufgaben

aus der

Arithmetik und Algebra

für

Real- und Bürgerschulen.

Ein Auszug

aus der

Sammlung von arithmetischen und algebraischen Fragen und Aufgaben

von

Dr. Hermann Schubert,
Professor an der Gelehrtenschule des Johanneums in Hamburg.

Zweites Heft.

Potsdam 1893.
Aug. Stein.

Vorwort.

Nachdem der Auszug*) aus dem ersten Heft meiner Sammlung**) nicht allein an Schweizer Cantonschulen, sondern auch an deutschen Realschulen Eingang gefunden hat, liegt mir die Pflicht ob, jenem Auszuge diese Fortsetzung folgen zu lassen, welche Aufgaben aus den Pensen der oberen Klassen deutscher Real- und Bürgerschulen enthält, insbesondere also die quadratischen Gleichungen, ferner die Potenzen, Wurzeln und Logarithmen, sowie die arithmetischen und geometrischen Reihen berücksichtigt.

Wie beim ersten Hefte, so hat auch hier jede Aufgabe und jeder Paragraph genau dieselbe Nummer erhalten, wie in der „Sammlung", wobei es natürlich kommen mußte, daß die Nummern des Auszugs bisweilen sprungweise vorwärts gehen. Doch ist es hierdurch ermöglicht, einerseits, daß der Auszug in den Händen der Schüler und gleichzeitig die größere „Sammlung" in den Händen des Lehrers ist, andrerseits, daß die erschienenen ausgewählten „Resultate" auch zu dem Auszug passen.

Die arithmetischen Reihen, welche in der „Sammlung" den letzten Paragraphen des ersten Heftes bilden, weil zu ihrem

*) Aufgaben aus der Arithmetik und Algebra für Real- und Bürgerschulen. Ein Auszug aus der Sammlung von arithmetischen und algebraischen Fragen und Aufgaben von Dr. Hermann Schubert, Professor an der Gelehrtenschule des Johanneums in Hamburg. Potsdam 1892. Aug. Stein.

**) Sammlung von arithmetischen und algebraischen Fragen und Aufgaben, verbunden mit einem systematischen Aufbau der Begriffe, Formeln und Lehrsätze der Arithmetik, für höhere Schulen, von Dr. Hermann Schubert, Professor an der Gelehrtenschule des Johanneums in Hamburg. Erstes Heft: Für mittlere Klassen. Dritte Auflage, Potsdam, Aug. Stein, 1890. Zweites Heft: Für obere Klassen. Zweite Auflage, Potsdam, Aug. Stein, 1888.

Verständnis nur die Operationen erster und zweiter Stufe erforderlich sind, habe ich nicht in das erste, sondern erst in das vorliegende zweite Heft des Auszugs (vor den geometrischen Reihen) aufgenommen, weil die meisten Pensenpläne deutscher Realschulen die Durchnahme der arithmetischen Reihen mit der der geometrischen Reihen vereinigen. Demzufolge ist vor den die geometrischen Reihen behandelnden § 39_2 (in den Resultaten § 39) der die arithmetischen Reihen enthaltende § 39_1 (in den Resultaten § 26) eingeschoben.

Hamburg, den 26. Mai 1893.

Professor Dr. H. Schubert.

Fünfter Abschnitt.

Quadratisches.

§ 27.

Das Quadrieren und seine Umkehrung.

$(ab)^2 = a^2 b^2$; $(a : b)^2 = a^2 : b^2$; $(a + b)^2 = a^2 + 2ab + b^2$; $(a - b)^2 = a^2 - 2ab + b^2$; $(a + b + c)^2 = (a^2 + 2ab + b^2) + 2(a + b)c + c^2$.

Definition der Quadratwurzel: $(\sqrt{q})^2 = q$; $\sqrt{q^2} = q$.

$\sqrt{ab} = \sqrt{a} \cdot \sqrt{b}$; $\sqrt{a : b} = \sqrt{a} : \sqrt{b}$.

Tabelle der Quadratzahlen.

$1^2 = 1$	$6^2 = 36$	$11^2 = 121$	$16^2 = 256$	$21^2 = 441$	$26^2 = 676$
$2^2 = 4$	$7^2 = 49$	$12^2 = 144$	$17^2 = 289$	$22^2 = 484$	$27^2 = 729$
$3^2 = 9$	$8^2 = 64$	$13^2 = 169$	$18^2 = 324$	$23^2 = 529$	$28^2 = 784$
$4^2 = 16$	$9^2 = 81$	$14^2 = 196$	$19^2 = 361$	$24^2 = 576$	$29^2 = 841$
$5^2 = 25$	$10^2 = 100$	$15^2 = 225$	$20_2 = 400$	$25^2 = 625$	$30^2 = 900$

Beispiel für die Ausziehung der Quadratwurzel.

Ausführlich:

$\sqrt{229441} = a + b + c$, wo $a = 400$, $b = 70$, $c = 9$ wird.

$160000 = a^2$
69441
$2a = 800)$ $56000 = 2ab$
13441
$4900 = b^2$
8541
$2(a + b) = 940)$ $8460 = 2(a + b)c$
81
$81 = c^2$

Abgekürzt:

$\sqrt{22'94'41} = 479.$
16
69'4
8)56
49
609
854'1
94)846
81
8541

Noch kürzer, da $2ab + b^2 = (2a + b)b$ ist:

$\sqrt{22'94'41} = 479.$
16
6 94
87)6 09
85 41
949)85 41

Die in den folgenden Aufgaben angedeuteten Quadrierungen sollen ausgeführt werden:

1) 9^2; 2) 15^2; 3) $(-9)^2$; 4) $(\frac{3}{4})^2$; 5) $(-\frac{1}{2})^2$; 6) $(\frac{7}{8})^2$;
7) $(1\frac{1}{2})^2$; 8) $(ap)^2$; 9) $(-ap)^2$; 10) $\left(\frac{p}{q}\right)^2$; 11) $\left(\frac{3a}{4b}\right)^2$;
12) $(7abc)^2$; 13) $\left(\frac{4ab}{5pq}\right)^2$; 14) $[7 \cdot 5a : (bcd)]^2$; 15) $\left(\frac{-3}{ab}\right)^2$;
16) $\left(\frac{-a}{-b}\right)^2$; 17) $\left(\frac{4 : ab}{c}\right)^2$; 18) $(3a^2)^2$; 19) $(p+q)^2$; 20) $(p+2q)^2$;
21) $(p-2q)^2$; 22) $(4a-b)^2$; 23) $(\frac{1}{2}a-e)^2$; 24) $(a+b-c)^2$;
25) $(3+a+\frac{1}{3}b)^2$; 26) $(-4+a-b)^2$; 27) $(\frac{1}{2}a-\frac{1}{2}cd)^2$;
28) $(x^2-a)^2$; 29) $(3ab-2ac)^2$; 30) $(2x^2+1)^2$; 31) $(x^2+x+1)^2$; 32) $(a-b+c+d)^2$; 33) $(2a+b+c-d)^2$;
34) $(p-2q-2r-2s)^2$.

35) Was kann man über x^2 behaupten, wenn man weiß, daß $x > 3$ ist?

36) a liegt zwischen den Grenzen 3 und 10, also $3 < a < 10$. Zwischen welchen Grenzen liegt a^2?

36_1) Wird ein positiver, echter Bruch durch Quadrieren größer oder kleiner?

37) Ein Schüler giebt den Inhalt eines Quadrats, dessen Seite $1\frac{1}{2}$ *m* ist, zu $1\frac{1}{4}$ *qm* an, indem er nur daran denkt, daß $1^2 = 1$ und $(\frac{1}{2})^2 = \frac{1}{4}$ ist. Um wieviel *qm* hat er den Inhalt zu klein angegeben?

37_1) Warum ist der Ausdruck „Meterquadrat" zutreffender, als der gebräuchliche „Quadratmeter"?

38) Wie kann man $1^2 + 2^2 + 3^2 + 4^2 + 2 \cdot 1 \cdot 2 + 2 \cdot 1 \cdot 3 + 2 \cdot 1 \cdot 4 + 2 \cdot 2 \cdot 3 + 2 \cdot 2 \cdot 4 + 2 \cdot 3 \cdot 4$ finden, ohne die einzelnen Glieder dieser Summe zu berechnen?

39) Wie kann man $16^2 = 256$ mit Hilfe des Wurzelzeichens schreiben?

40) Was giebt $\sqrt{277893^2}$?

41) Berechne auf kürzeste Weise: a) $\sqrt{(4a+b)^2}$; b) $(\sqrt{1331})^2$;
c) $(\sqrt{4x^2+6xy+9y^2})^2$; d) $\sqrt{\left(\frac{3xy}{a-b+c}\right)^2}$.

42) Wie kann man die Quadratzahl a als Produkt zweier gleicher Faktoren schreiben?

43) Vereinfache: a) $\sqrt{p} \cdot \sqrt{p}$; b) $\sqrt{p-q}\ \sqrt{p-q}$;
c) $\sqrt{a} \cdot \sqrt{a} \cdot \sqrt{a} \cdot \sqrt{a}$; d) $\sqrt{3ab} \cdot \sqrt{3ab}$; e) $\sqrt{p:q} \cdot \sqrt{p:q}$.

Folgende Ausdrücke sollen vereinfacht oder auf kürzeste Weise berechnet werden:

44) $\sqrt{a^2b^2}$; 45) $\sqrt{(a+b)^2:c^2}$; 46) $\sqrt{9a^2:16}$; 47) $\sqrt{49^2\cdot(a-bc)^2}$;

48) $\sqrt{\frac{16^2\cdot 9^2}{12^2}}$; 49) $\sqrt{\frac{a^2b^2c^2}{p^2q^2}}$; 50) $\sqrt{\frac{b^2c^2(100e^2)}{7258^2\,(a^2)^2}}$; 51) $\sqrt{\frac{b^5c^5d^3}{b^3c^3d}}$;

52) $\frac{\sqrt{a^3b}}{\sqrt{ab}}$; 53) $\sqrt{\frac{100}{a^2+2ab+b^2}}$; 54) $\sqrt{\frac{a^3}{a}}$; 55) $\sqrt{13^2-12^2}$;

56) $\sqrt{16+9}$; 57) $\sqrt{\frac{1}{9}-\frac{1}{25}}$.

58) Warum ist: a) $a\sqrt{b}=\sqrt{a^2b}$? b) $\frac{\sqrt{b}}{a}=\sqrt{\frac{b}{a^2}}$?

59) Mit Benutzung von Nr. 58 soll vereinfacht werden:

a) $\frac{a}{b}\sqrt{\frac{b^2c^2}{a^2}}$; b) $\frac{ab}{p}\sqrt{\frac{q^2p^2}{25a^4b^4}}$; c) $\frac{4a}{5b}\sqrt{\frac{25b^2c}{16a^2d}}$.

60) Beweise die Formel $(a+1)^2=a^2+[(a+1)+a]$.

61) Berechne mit Hilfe von Nr. 60, um wieviel 37^2 größer als 36^2 sein muß.

62) Die Tabelle der Quadratzahlen soll durch Anwendung der in Nr. 60 genannten Formel bis 50^2 fortgesetzt werden, z. B. $31^2=30^2+(31+30)=900+61=961$; $32^2=31^2+63=1024$ u. s. w.

63) Die Differenzen der aufeinanderfolgenden Quadratzahlen bilden eine arithmetische Reihe mit der konstanten Differenz 2. Warum?

64) Berechne mit Hilfe der Quadratzahlen-Tabelle: a) $(\frac{16}{25})^2$; b) $(1\frac{9}{16})^2$; c) $(3\frac{3}{4})^2$; d) $(7\frac{1}{3})^2$; e) $(-4\frac{1}{5})^2$.

65) Wieviel drei- oder vierziffrige Quadratzahlen muß es geben?

66) Welche von den folgenden Zahlen sind Quadrate: a) 625; b) $\frac{216}{289}$; c) $\frac{841}{289}$; d) 1000; e) $\frac{256}{10}$; f) 25,6; g) 0,256; h) 2,56; i) 160000; k) $\frac{8}{18}$; l) $\frac{725}{116}$; m) $\frac{726}{116}$?

67) Um wieviel ist $(50+4)^2$ größer als $(50-4)^2$?

68) Substituiere in die Formel für $(a+b)^2$: a) $a=60$, $b=3$; b) $a=80$, $b=9$.

69) Substituiere in die Formel für $(a+b+c)^2$: a) $a=200$, $b=30$, $c=4$; b) $a=700$, $b=80$, $c=6$; c) $a=800$, $b=80$, $c=8$.

70) Wenn eine Quadratzahl gleich dem Produkt zweier Faktoren ist, welche keinen gemeinsamen Teiler haben, so muß jeder Faktor selbst eine Quadratzahl sein. Warum?

Die folgenden Zahlen sollen nach den Formeln für $(a + b)^2$, $(a + b + c)^2$ u. s. w. quadriert werden:

71) 83; 72) 69; 73) 214; 74) 337; 75) 489; 76) 866; 77) 885; 78) 803; 79) 425; 80) 409; 81) 521; 82) 4236; 83) 7861; 84) 1027; 85) 2365; 86) 9999; 87) 12 346; 88) 473 252; 89) 50 039.

90) Berechne: a) $(\frac{37}{83})^2$; b) $(\frac{69}{214})^2$; c) $(3\frac{7}{69})^2$; d) $(33{,}7)^2$; e) $(3{,}37)^2$; f) $(4{,}236)^2$; g) $(0{,}337)^2$; h) $(\frac{803}{3{,}37})^2$; i) $(-3{,}7)^2$; k) $(0{,}0037)^2$.

Die folgenden Ausdrücke sollen quadriert werden:

91) Berechne: a) $(4\frac{1}{7} + 7\frac{1}{9})^2$; b) $\left(\frac{3\frac{3}{4} \cdot 15{,}24}{2{,}54} : \frac{15}{73}\right)^2$.

92) $3a - 25b$; 93) $a - b + 2c$; 94) $3a - 4b + 15c$

95) $\frac{1}{2}a - \frac{1}{4}b + 4c$; 96) $p + \frac{3}{4}q + \frac{r}{9}$; 97) $-a + \frac{1}{2}b + 0{,}1c$

98) $a - b + 2c + 3d$ 99) $3a + 4b - \frac{1}{2}c + d$

100) $a + 2b + 3c + 1$ 101) $a^2 - b^2 + ab$

102) $a^2 - 3ab + 5b^2$ 103) $a^2 - a - 1$

104) $a^3 + 3a^2 + 3a + 1$ 105) $x^3 - 2x^2 - x - 1$

106) $4x^3 + \frac{1}{2}x^2 + 2x - 5$ 107) $x^3 + x^2y + xy^2 + y^3$

108) $3ab + 4ac + 5bc$ 109) $3a^2b - ac^2 + bc^2$

109_1) $1 + \frac{1}{2}x - \frac{1}{8}x^2 + \frac{1}{16}x^3$ 109_2) $1 - \frac{1}{2}x - \frac{1}{8}x^2 - \frac{1}{16}x^3$.

Die folgenden Quadratwurzeln sollen a) ausführlich, b) abgekürzt, c) noch kürzer berechnet werden:

110) $\sqrt{324}$; 111) $\sqrt{1849}$; 112) $\sqrt{7921}$; 113) $\sqrt{17956}$; 114) $\sqrt{24336}$; 115) $\sqrt{136161}$; 116) $\sqrt{207936}$; 117) $\sqrt{5602689}$.

Berechne:

118) $\sqrt{\frac{324}{49}}$ 119) $\sqrt{\frac{1849}{2500}}$ 120) $\sqrt{3{,}24}$ 121) $\sqrt{1{,}7956}$

122) $\sqrt{179{,}56}$ 123) $\sqrt{0{,}1849}$ 124) $\sqrt{7921 \cdot 1849}$

125) $\sqrt{0{,}007921}$ 126) $\sqrt{\frac{20{,}7936}{0{,}25 \cdot 0{,}0324}}$ 127) $\sqrt{\frac{3'240000}{2\frac{1}{4} \cdot (2 - \frac{1}{25})}}$

128) $\sqrt{1\frac{651}{1849}}$.

Berechne:

129) $\sqrt{7'365\,796}$ 130) $\sqrt{1'006\,009}$ 131) $\sqrt{866'595\,844}$

132) $\sqrt{455\,789'714\,884}$ 132_1) $\sqrt{4\,835''547\,351'610\,000}$.

133) Berechne: $\sqrt{0{,}0064} \cdot \sqrt{102{,}01} \cdot \sqrt{\frac{10}{6{,}4}} : \sqrt{14042\frac{1}{4}}$.

134) Berechne die mittlere Proportionale (§ 16) zu: a) 4 und 9, b) 20 und 45, c) 108 und 147, d) 1000 und 810, e) 972 und 5547, f) 35 912 und 392, g) $\frac{14}{27}$ und $\frac{24}{7}$, h) $\frac{343}{432}$ und $\frac{7}{12}$.

135) Zwischen welchen Quadratzahlen liegt: a) 290; b) 1000; c) 329; d) 444; e) 797?

136) Schließe die Zahlen: a) 823; b) 930; c) 413 in zwei Grenzen ein, deren jede eine Quadratzahl ist.

137) Wie heißt die nächste kleinere Quadratzahl zu 900?

138) Berechne die nächst kleinere Quadratzahl zu: a) 7583; b) 479 872; c) 5 783 478; d) 435 670 707.

Schließe jede der folgenden Zahlen in zwei Grenzen ein, welche Quadrate von Zahlen sind, die sich: a) um 1, b) um $\frac{1}{10}$ unterscheiden:

139) 7583; 140) 478 358; 141) 6 673 002; 142) 445 000; 143) 223,5; 144) 4279,18.

Schließe jede der folgenden Zahlen in zwei Grenzen ein, welche Quadrate von Zahlen sind, die sich nur: a) um $\frac{1}{100}$; b) um $\frac{1}{1000}$ c) um $\frac{1}{700}$ unterscheiden:

145) 2; 146) 3; 147) 5; 148) 39; 149) 83; 150) 222; 151) 4723; 152) 2,34; 153) 0,42; 154) $4\frac{1}{4}$; 155) $70\frac{7}{9}$.

Verwandle die folgenden Wurzeln in algebraische Summen:

156) $\sqrt{81x^2 + 72xy + 16y^2}$ 157) $\sqrt{49a^2 - 266ab + 361b^2}$

158) $\sqrt{4a^4 + 12ab + \frac{9b^2}{a^2}}$ 159) $\sqrt{\frac{a^2}{9} - \frac{ab}{2} + \frac{9b^2}{16}}$

159_1) $\sqrt{0{,}0625 \cdot a^2 + 0{,}2 \cdot ab + 0{,}16 \cdot b^2}$

160) $\sqrt{a^2 - 2ac + c^2 + 2ax - 2cx + x^2}$

161) $\sqrt{100a^2 + 100ab + 25b^2 + 60ac + 30bc + 9c^2}$

162) $\sqrt{-12x^3 + 9x^4 + 46x^2 + 49 - 28x}$

162_1) $\sqrt{4x^6 + x^2 + 9 - 4x^4 + 12x^3 - 6x}$

162_2) $\sqrt{x^8 - 6x^7 + 9x^6 - 14x^5 + 44x^4 - 6x^3 + 49x^2 - 14x + 1}$

163) $\sqrt{4 + 121x^6 + 114x^3 + 154x^5 + 159x^4 + 53x^2 + 20x}$

164) $\sqrt{4p^2q^2 - 40pq^2s + 56p^2qs + 100q^2s^2 - 280pqs^2 + 196p^2s^2}$

165) $\sqrt{\frac{16}{9}a^2 - \frac{40ab}{3} + 25b^2 - 8ac + 30bc + 9c^2}$

166) $\sqrt{\frac{a^2}{25p^2} - \frac{a}{5} + \frac{1}{4}p^2 + 1{,}2 - \frac{3p^2}{a} + \frac{9p^2}{a^2}}$

167) $\sqrt{p^4 + 2p^3 + p^2 + 2p + 4 + \frac{2}{p} + \frac{1}{p^2} + \frac{2}{p^3} + \frac{1}{p^4}}$

168) $\sqrt{\sqrt{x^4 + 4x^3 + 6x^2 + 4x + 1}}$ 169) $\sqrt{\sqrt{x^4 - 4x^3 + 6x^2 - 4x + 1}}$.

Berechne durch Zerlegung in Faktoren:

170) $\sqrt{9216}$ 171) $\sqrt{270400}$ 172) $\sqrt{58564}$ 173) $\sqrt{3 \cdot 8748}$

174) $\sqrt{5^3 \cdot 81920}$ 175) $\sqrt{2^4 \cdot 3^3 \cdot 7 \cdot 1029}$ 176) $\sqrt{\frac{2187 \cdot 13{,}31 \cdot 11}{3 \cdot 7^2 \cdot 256}}$

---

177) Welches sind die beiden Zahlen, die durch Quadrierung a) 16; b) 289; c) 2,89; d) $\frac{4}{9}$; e) $2\frac{1}{4}$; f) $\frac{27}{300}$ liefern?

178) Man weiß sicher, daß $a^2 = b^2$ ist. Weiß man dann auch sicher, daß $a = b$ ist?

179) Man weiß, daß x eine negative Zahl ist, und daß $x^2 = 100$ ist. Wie groß ist x?

180) Kann man aus $a^2 < 100$ schließen: $-10 < a < +10$?

181) Was kann man aus $a^2 >$ als 100 schließen?

182) Warum ist die Behauptung, daß Größeres radiziert Größeres giebt, nicht unbedingt richtig?

183) Wie muß man das Gleichheitszeichen lesen, wenn man aus $x^2 = a^2 - 2ab + b^2$ den Schluß zieht $x = a - b$?

184) Wo macht man einen Fehlschluß in dem folgenden Beweise, daß $9 = 5$ ist? „Es ist $9 + 5 = 2 \cdot 7$, also auch, wenn man mit $9 - 5$ beiderseits multipliziert, $9^2 - 5^2 = 2 \cdot 7 \cdot 9 - 2 \cdot 7 \cdot 5$ oder $9^2 - 2 \cdot 9 \cdot 7 = 5^2 - 2 \cdot 5 \cdot 7$, woraus folgt: $9^2 - 2 \cdot 9 \cdot 7 + 7^2 = 5^2 - 2 \cdot 5 \cdot 7 + 7^2$. Nun steht links das Quadrat von $9 - 7$, rechts das von $5 - 7$. Also ist $9 - 7 = 5 - 7$ oder $9 = 5$.“

185) Wie liest man: „Aus $x^2 = 16$ folgt $x = \pm\sqrt{16} = \pm 4$“?

186) Was folgt aus $x^2 = p$ a) für x, b) für $-x$?

187) Aus $a = b$ folgt $\pm\sqrt{a} = \pm\sqrt{b}$. Dies sind der Form nach vier verschiedene Gleichungen, doch dem Inhalt nach nur wieviel?

Bei der Berechnung der folgenden Ausdrücke beachte, daß das Wurzelzeichen eindeutig aufzufassen ist: (z. B. $\sqrt{4} = 2$, $-\sqrt{4} = -2$.)

188) $50 + \sqrt{1849}$ 189) $50 - \sqrt{18{,}49}$ 190) $7\frac{1}{2} - \sqrt{36}$

191) $7\frac{1}{2} + \sqrt{36}$ 192) $10 - \frac{1}{10}\sqrt{24336}$

193) $10 + \frac{1}{10}\sqrt{24336}$ 194) $\sqrt{243{,}36} - \sqrt{225}$

195) $\sqrt{7921} - \sqrt{6400} + 3 \cdot \sqrt{4900}$ 196) $\frac{3}{4} + \frac{1}{2}\sqrt{361} - \frac{1}{5}\sqrt{400}$.

197) Welche von den folgenden Quadratwurzeln haben vorläufig keinen Sinn: $\sqrt{25}$; $\sqrt{-25}$; $\sqrt{26}$; $\sqrt{10}$; $\sqrt{16-25}$; $\sqrt{\frac{4}{9}}$; $\sqrt{\frac{72}{7+43}}$; $\sqrt{0{,}4}$; $\sqrt{-(-4)}$; $\sqrt{-4+29}$?

§ 28.

Einfache quadratische Gleichungen.

Wenn $x^2 = c$ ist, so ist $x = \pm\sqrt{c}$;
Wenn $x^2 + ax + b = 0$ ist, so ist:

$$x = -\frac{a}{2} \pm \sqrt{\left(\frac{a}{2}\right)^2 - b}.$$

Rein-quadratisch.

1) $x^2 = 25$ 2) $\frac{x}{7} = \frac{7}{x}$ 3) $x^2 - \frac{49}{25} = 0$

4) $x^2 - \frac{0,16}{0,25} = 0$ 5) $2x^2 = 72$ 6) $3x^2 = 1\frac{1}{3}$

7) $1,44 = (2x)^2$ 8) $0,64 = 16x^2$ 9) $0,5 \cdot x = \frac{40,5}{x}$

10) $\frac{x^2}{5} - 9\frac{4}{5} = 0$ 11) $x \cdot \frac{x}{11} = 26\frac{3}{11}$ 12) $(x + \frac{1}{4})(x - \frac{1}{4}) = 0$

13) $x(x + 5) = 5(x + 20)$ 14) $18(x + 32) = 2x(9 + 2x)$

15) $(x - 4)(x - 5) = 9(4 - x)$ 16) $(x + 3)(x - 4) = 52 - x$

17) $2x(x + 1) + 3(x - 12) = x(x + 5)$

18) $4\left(\frac{3}{x} - \frac{1}{x}\right) - \frac{x}{2} = 0$ 19) $\frac{x + 1}{x - 1} + \frac{x - 1}{x + 1} = \frac{3x^2 - 2}{x^2 - 1}$

20) $(2x + 3)^2 + (3x - 2)^2 = (3x + 1)(3x - 1) + 30$

21) $x^2 = 7,84$ 22) $x^2 = 37636$ 23) $4284900 = x^2$

24) $3x(x + 1) = 3x + 2478843$ 25) $x + 3 = \frac{2x + 499846}{x - 1}$

26) $x^2 = a^2$ 27) $x^2 - a^2 = b^2 + 2ab$ 28) $x^2 - 3a^2b^2 = (ab)^2$

29) $4(x^2 - c^2 - d^2) - 8cd = 0$ 30) $px^2 = p^2(p + 4q) + 4pq^2$.

Gemischt-quadratisch.

31) $x^2 - 4x = 12$ 32) $x^2 - 6x = 7$ 33) $x^2 + 8x - 33 = 0$

34) $x^2 - 5x - 14 = 0$ 35) $x(x - 7) = 78$ 36) $x^2 - 6x + 5 = 0$

37) $x^2 - 11x + 24 = 0$ 38) $x^2 - 20x + 64 = 0$ 39) $x^2 - 16x = -39$

40) $x^2 + 8x + 15 = 0$ 41) $x^2 + 29x + 210 = 0$ 42) $x^2 + 73x + 210 = 0$

43) $x^2 + 25x + 84 = 0$ 44) $x^2 - 25x + 84 = 0$ 45) $x^2 + 25x - 84 = 0$

46) $x^2 - 25x - 84 = 0$ 47) $x^2 - 30x + 221 = 0$ 48) $x^2 + 30x + 221 = 0$

49) $x^2 - 145x + 1224 = 0$ 50) $x^2 + 145x - 1224 = 0$

51) $x^2 - 145x - 1224 = 0$ 52) $x^2 + 145x + 1224 = 0$

53) $x^2 \pm 73x \pm 1320 = 0$ 54) $x^2 \pm 122x \pm 1320 = 0$.

55) $x(x + 1) = 5x + 5$ 56) $(x - 5)(x - 8) + 2 = 0$
57) $(x - 4)(x - 15) + 30 = 0$ 58) $(x - 13)(x - 14) = 2$
59) $x^2 - \frac{2}{3}x - \frac{1}{3} = 0$ 59_1) $x^2 - \frac{1}{5}x = 24$ 60) $4x^2 - 5x = 21$
61) $5x^2 + 12x = 17$ 62) $7x^2 - \frac{3}{2}x = 5\frac{1}{2}$ 63) $x^2 + \frac{x}{6} = \frac{1}{3}$
64) $(x - 4)^2 + 2(x + 3) = 17$ 65) $14x^2 - \frac{11}{2}x + \frac{1}{2} = 0$
66) $3x^2 - 0{,}75x + \frac{1}{24} = 0$ 67) $4x^2 + 1{,}5x + 0{,}125 = 0$
68) $8x^2 = \frac{4}{3}(x + 1)$ 69) $(\frac{x}{2} + 1)^2 - \frac{5}{4} = \frac{5}{8}x$
70) $(x + 1)^2 + (x + 2)^2 = 41$ 71) $(2x - 1)^2 + (4 - x)^2 = 10$
72) $(x + 4)(x - 3) + (x - 1)(x - 2) = 14$
73) $(4x - 1)^2 + (3x - 2)^2 + (5x)^2 = 35$ 74) $x^2 \cdot 0{,}75 + \frac{x}{4} = \frac{1}{6}$
75) $(2x - 7)(8x - 4) = 0$ 76) $(\frac{11}{2}x + \frac{11}{4})(\frac{17}{3}x - 3\frac{4}{27}) = 0$
77) $x(5x - 2) + \frac{3}{8} = \frac{x + 53}{16}$ 78) $\frac{2x + 5}{3 - x} + \frac{4x - 3}{3 + x} = 10$
79) $\frac{2x - 1}{x + 2} + \frac{22 - 7x}{x - 2} = \frac{4x - 2}{x^2 - 4}$ 80) $\frac{4x - 21}{2x - 11} - \frac{8 - x}{x - 5} = 1$
81) $\frac{3}{x} + \frac{5 - 3x}{x + 1} = 4$ 82) $\frac{1}{2x + 1} + \frac{1}{3 - x} = \frac{6}{5}$
83) $\frac{5 - \frac{3}{x + 2}}{4} = \frac{7x + 6}{12x + 1}$ 84) $x^2 + 2ax = b^2 + 2ab$
85) $x(x + 1)(x + 2) = (x - 2)(x - 1)(x + 27)$
86) $(2x + 3)(3x + 1)(x + 2) = x(6x - 1)(x + 11)$
87) $x^2 - 6ax = (4a + 1)(4a - 1) - 2(5a - 1)$
88) $x^2 + ab = ax + bx$ 89) $pq + px = x(x + q)$
90) $\frac{x + 2b}{a} + \frac{2b}{a - x} = 2$ 91) $\frac{4ax + 2an}{x + \frac{1}{2}n} = \frac{16a^2 - 2an}{x + 2a}$
92) $\left(\frac{ax}{b} - c\right)\left(\frac{bx}{a} + c\right) = 0$ 93) $c(ax - b)(2ax + 3b) = 0.$

---

94) Gieb Summe und Produkt der beiden Wurzeln jeder der folgenden Gleichungen an, ohne dieselben aufzulösen:
a) $x^2 - 8x + 7 = 0$, b) $x^2 - 15x + 56 = 0$, c) $x^2 + 16x + 48 = 0$, d) $x^2 - 30x - 31 = 0$, e) $x^2 + 28x - 75 = 0$, f) $2x^2 - 16x + 30 = 0$.

95) Wie lautet die geordnete Form derjenigen Gleichung, welche die Wurzeln besitzt: a) 1 und 2, b) 3 und 5, c) 7 und 3, d) -7 und 3, e) -7 und -3, f) 7 und -3, g) 11 und -100?

Die Wurzeln der folgenden Gleichungen sind ganze Zahlen. Rate dieselben mit Hilfe der Regel, daß der negative Konffizient von x gleich der Summe der beiden Wurzeln ist, und daß das von x freie Glied gleich dem Produkt der beiden Wurzeln ist:

96) $x^2-(2x+6x)+2\cdot 6=0$ 97) $x^2-15x+44=0$
98) $x^2-17x+70=0$ 99) $x^2+17x+70=0$
100) $x^2-11x-26=0$ 101) $x^2+11x-26=0$
102) $x^2-16x+63=0$ 103) $x^2-5x+6=0$
104) $x^2+5x+6=0$ 105) $x^2+5x-6=0$
106) $x^2-5x-6=0$ 107) $x^2+24x+143=0$
108) $x^2-(p+q)x+pq=0$ 109) $x^2-(p-q)x-pq=0$
110) $x^2-(2a+3b)x+6ab=0$ 111) $x^2=2ab+2ax-bx$
112) $x^2-(a^2-b^2)x=a^2b^2$ 113) $x(x+c+5d)+5cd=0$.

Bestimme die Wurzeln der folgenden Gleichungen durch „Faktoren-Zerlegung":

114) $(x-3)(x-10)=0$ 115) $(x+3)(x-10)=0$
116) $(2x-5)(x+13)=0$ 117) $(4x+3)(7x-\frac{1}{2})=0$
118) $(2x+\frac{1}{16})(x-0{,}1)=0$ 119) $5x(x+3)=0$
120) $\left(1-\frac{x}{3}\right)(2+16x)=0$ 121) $\left(4-\frac{1}{x}\right)(7+3x)=0$
122) $(4-x)\left(\frac{7}{2}+\frac{3}{x}\right)=0$ 123) $5(4-x)=\frac{3}{4}x(x-4)$
124) $(4-x)(x+1)=(8-2x)(5x-9)$
125) $(3x+1)(4x-7)=(2x-\frac{7}{2})(5x-1)$
126) $\left(\frac{3}{x}+4\right)(7-x)=3+4x$ 127) $\frac{x+5}{3x+1}=\frac{x+5}{4x-2}$
128) $\frac{(x+2)(x+0{,}24)}{x-4}=9(x+2)$ 129) $\frac{(x+\frac{1}{2})(4x-1)}{2-x}=(2x+1)\cdot 0{,}3$
130) $3\frac{3}{4}-x=(15-4x)\frac{5x+1}{x-1}$ 131) $(x-3a)(x+b)=0$
132) $\left(2x-\frac{a}{5}\right)(b-3\frac{3}{4}x)+\left(2x-\frac{a}{5}\right)(x-b)=0$
133) $\left(4-\frac{3}{ax}\right)=\left(4a-\frac{3}{x}\right)(7x-6)$
134) $x+2ab+2b^2=3[x+2b(a+b)]x$.

Die folgenden quadratischen Ausdrücke sollen durch Auflösung einer quadratischen Gleichung in lineare Faktoren zerlegt werden:

135) $x^2+8x+15$ 136) $x^2-8x+15$ 137) x^2+x-20
138) x^2-x-20 139) $x^2+32x+60$ 140) $x^2-20x+51$
141) $x^2+2x-360$ 142) $x^2-5x-500$ 143) $2x^2+33x-54$
144) $5x^2+8x-21$ 145) $12x^2-32x+21$ 146) $15x^2-4x-35$
147) $12x^2+x-221$ 148) $80x^2+818x+551$
149) $x^2-x+\frac{1}{4}$ 150) $x^2-\frac{7}{12}x+\frac{1}{12}$ 151) $x^2+2\frac{1}{12}x+1$
152) $x^2+(e+f)x+ef$ 153) $x^2-2ax-3bx+6ab$.

Löse die folgenden Gleichungen:

163) $x^2 = x$; 164) $x^2 - 6x + 9 = 0$; 165) $x^2 + 3x = 3(x + 27)$

166) $\frac{1}{x-3} - \frac{1}{x-2} = \frac{1}{x+6}$ 167) $\frac{3}{3+x} + \frac{3+x}{3} = 2$

168) $\frac{x-5}{6} + \frac{3x+4}{6} = -\frac{1}{6+x}$ 169) $x^2 + ax + \frac{a^2}{4} = 0$.

Eingekleidet.

(Die übrigen eingekleideten quadratischen Gleichungen befinden sich in § 32 und in § 34.)

170) Multipliziert man den dritten Teil einer gesuchten Zahl mit ihrem vierten Teil, so erhält man 12.

171) Welche Zahlen sind gleich ihren reciproken Werten?

172) Die Seite eines Quadrates ist viermal so groß als die eines andern, und das erstere hat 540 *qm* Inhalt mehr als das zweite. Wie groß sind die Seiten der beiden Quadrate?

173) Die Summe der reciproken Werte zweier aufeinanderfolgender natürlicher Zahlen ist $\frac{17}{72}$. Welches sind die beiden Zahlen?

174) Ein Antiquar kauft unter sehr billigen Bedingungen einen Kupferstich. Denselben verkauft er bald darauf für 32 *M.* Dabei gewinnt er dreimal soviel Prozente, als ihm der Kupferstich an Mark gekostet hatte. Was gab er dafür?

175) Nach einem Diner wünscht jeder Teilnehmer jedem andern Teilnehmer „Gesegnete Mahlzeit!" Ein Beobachter konstatierte, daß dieser Wunsch 380 mal geäußert ist. Wieviel Personen nahmen an dem Diner Teil?

176) Nachdem in einer Gesellschaft ein Toast gehalten ist, stößt jeder mit jedem an. Man hört 190 mal Gläser zusammenklingen. Wieviel Personen waren in der Gesellschaft?

177) In einem rechtwinkligen Dreieck ist die Hypotenuse um 8 *m* größer und die kleinere Kathete um 1 *m* kleiner als die größere Kathete. Wie groß ist die letztere? (Pyth. Lehrsatz.)

178) In einem Kreise liegt eine Sehne, welche 7 *m* vom Zentrum entfernt und dabei 23 *m* länger als der Radius ist. Wie groß ist der Radius? (Pyth. Lehrsatz.)

179) Jemand kauft für 6 ℳ 75 ₰. Bonbons. Für dasselbe Geld hätte er 30 Bonbons weniger erhalten, wenn jeder Bonbon $\frac{1}{4}$ Pfennig teurer gerechnet wäre. Wieviel Bonbons kaufte er?

§ 29.

Dritte Erweiterung des Zahlengebiets.

(Irrationale Zahlen.)

Rechnen mit irrationalen Quadratwurzeln.

Definition: $(\sqrt{a})^2 = a$, wo a positiv, aber kein Quadrat ist, z. B. $(\sqrt{3})^2 = 3$, $(\frac{7}{5})^2 = \frac{7}{5}$.

---

1) Was bedeutet: a) $\sqrt{3}$, b) $\sqrt{\frac{1}{2}}$, c) $\sqrt{0{,}24}$, d) $\sqrt{a}$, e) $\sqrt{a^2+b^2}$?

2) Berechne: a) $(\sqrt{3})^2$, b) $(\sqrt{3})^4$, c) $(\sqrt{\frac{1}{5}}\cdot\sqrt{2})^2$, d) $(\sqrt{35}\cdot\sqrt{7}:\sqrt{5})^2$

3) Verwandle in eine einzige Quadratwurzel: a) $\sqrt{3}\cdot\sqrt{5}$, b) $\sqrt{\frac{4}{7}}\cdot\sqrt{\frac{7}{2}}$, c) $\sqrt{3\frac{3}{4}}\cdot\sqrt{\frac{4}{15}}:\sqrt{2}$, d) $(\sqrt{363}:\sqrt{3})\ (\sqrt{7}:\sqrt{11})$, e) $\sqrt{ab}\cdot\sqrt{ac}$.

4) Zwischen welchen aufeinanderfolgenden ganzen Zahlen liegt: a) $\sqrt{10}$, b) $\sqrt{200}$, c) $\sqrt{20{,}3}$, d) $\sqrt{\frac{1}{2}}$, e) $\sqrt{\frac{437}{5}}$, f) $\sqrt{25+36}$?

Berechne die folgenden Quadratwurzeln auf drei Dezimalstellen, d. h. schließe sie in zwei Grenzen ein, die sich nur um $\frac{1}{1000}$ unterscheiden:

5) $\sqrt{3}$, 6) $\sqrt{5}$, 7) $\sqrt{19}$, 8) $\sqrt{300}$, 9) $\sqrt{1000}$, 10) $\sqrt{2{,}5}$, 11) $\sqrt{0{,}144}$, 12) $\sqrt{\frac{11}{9}}$, 13) $\sqrt{17\cdot19}$, 14) $\sqrt{\frac{1}{5}}$, 15) $\sqrt{25+36}$.

16) Schließe in zwei Grenzen ein, die sich nur um $\frac{1}{400}$ unterscheiden: a) $\sqrt{5}$, b) $\sqrt{11}$, c) $\sqrt{11{,}3}$, d) $\sqrt{122}$.

Berechne die besten vierstelligen Dezimalbrüche, die man näherungsweise für die folgenden Quadratwurzeln setzen darf:

17) $\sqrt{5}$, 18) $\sqrt{5{,}278}$, 19) $\sqrt{3{,}1416}$, 20) $\sqrt{27{,}5102}$, 21) $\sqrt{3\frac{3}{4}}$.

Berechne nach dem Vorbild von $\sqrt{\frac{2}{3}} = \sqrt{\frac{6}{9}} = \frac{1}{3}\sqrt{6} = \frac{1}{3}\cdot 2{,}4494\underline{9} = 0{,}8164\underline{9}$ die folgenden Quadratwurzeln.

22) $\sqrt{\frac{1}{2}}$, 23) $\sqrt{18}$, 24) $\sqrt{162}$, 25) $\sqrt{125}$, 26) $\sqrt{\frac{1}{7}}$, 27) $\sqrt{2\frac{2}{3}}$, 28) $\sqrt{1\frac{11}{16}}$, 29) $\sqrt{5}:\sqrt{8}$, 30) $\sqrt{\frac{2}{7}}\cdot\sqrt{4\frac{2}{3}}$, 31) $\sqrt{0{,}0006}$.

32) Schließe jede der beiden Wurzeln der Gleichung a) $x^2 = 2$, b) $x^2 - 7 = 0$, c) $3x^2 = 15$, d) $x = 5:x$ in zwei Grenzen ein, die sich um ein zehntausendstel unterscheiden.

33) Berechne auf 3 Dezimalstellen: a) $-\sqrt{11}$, b) $-\sqrt{\frac{2}{3}}$, c) $-\sqrt{\frac{24}{25}}$.

34) Suche auf 3 Stellen die mittlere Proportionale zu a) 1 und 2, b) 2 und 3, c) 5 und 25, d) 10 und 100, e) 432 und 433, f) 1 und 501, g) $\frac{2}{3}$ und $\frac{3}{4}$, h) $\frac{4}{11}$ und 0,3, i) —4 und —3.

35) Warum giebt es, genau genommen, zwei mittlere Proportionalen zwischen zwei Zahlen?

36) Was kann man über x behaupten, wenn man weiß, daß x negativ und daß a) $x^2 = 3$, b) $x^2 > 3$, c) $x^2 < 1000$ ist?

37) Man weiß, daß a größer als b ist, und daß $b^2 - 2ab + a^2 = 7$ ist. Um wie viel ist a größer als b?

Berechne auf zwei Dezimalstellen:

38) $\frac{1}{2}\sqrt{12} - 1$; 39) $\sqrt{3} - \sqrt{2}$; 40) $\sqrt{17} - 4$; 41) $\sqrt{3} + \sqrt{2} - \sqrt{6}$;

42) $\sqrt{\sqrt{3}}$ 43) $\sqrt{3 - 2\sqrt{2}}$ $\sqrt{33 - 8\sqrt{17}}$

45) $\sqrt{11 - 6\sqrt{2} - 4\sqrt{3} + 2\sqrt{6}}$.

46) Beweise durch Quadrieren, daß, wenn x positiv und kleiner als 8 ist, $\sqrt{1+x} > 1$, $\sqrt{1+x} < 1 + \frac{1}{2}x$, $\sqrt{1+x} > 1 + \frac{1}{2}x - \frac{1}{8}x^2$, $\sqrt{1+x} < 1 + \frac{1}{2}x - \frac{1}{8}x^2 + \frac{1}{16}x^3$ ist, und daß sich $\sqrt{1+x}$ von den rechten Seiten dieser Ungleichungen um so weniger unterscheidet, je kleiner das positive x gewählt wird.

47) Berechne mit Hilfe der in Nr. 46) aufgestellten Ungleichungen zwei Grenzen: a) für $\sqrt{\frac{11}{10}} = \sqrt{1 + \frac{1}{10}}$, b) für $\sqrt{110} = 10\sqrt{1 + \frac{1}{10}}$, c) für $\sqrt{2} = \frac{4}{3}\sqrt{1 + \frac{1}{8}}$.

Bringe quadratisch vorkommende Faktoren vor das Wurzelzeichen bei:

49) $\sqrt{50}$; 50) $\sqrt{32}$; 51) $\sqrt{48}$; 52) $\sqrt{240}$; 53) $\sqrt{1728}$;

54) $\sqrt{10240}$; 55) $\frac{4}{3}\sqrt{63}$; 56) $0{,}12 \cdot \sqrt{70000}$; 57) $\frac{7}{16}\sqrt{3\frac{29}{49}}$.

Verwandle in eine Wurzel:

58) $5\sqrt{2}$; 59) $\frac{7}{2}\sqrt{12}$; 60) $3\frac{3}{4}\sqrt{\frac{7}{15}}$; 61) $\frac{4}{9}\sqrt{\frac{243}{0{,}16}}$.

Vereinfache:

62) $\sqrt{5} + 2\sqrt{20}$ 63) $7\sqrt{11} - \sqrt{11} + 18\sqrt{11} + 2\sqrt{44}$

64) $\sqrt{8} + \sqrt{18}$ 65) $\sqrt{27} + 3\sqrt{3} - \sqrt{75}$

66) $4\sqrt{8} - \sqrt{98} + \sqrt{242} - \sqrt{200} - \frac{2}{5}\sqrt{50}$

67) $3\sqrt{6} - \sqrt{24} + \sqrt{486} - 3\sqrt{600} + 1{,}2\sqrt{2400} + \sqrt{294}$

68) $3\sqrt{a} - \sqrt{a} + 7\sqrt{4a} - \sqrt{9a} + \sqrt{81a} + \sqrt{144 \cdot a}$

69) $\sqrt{a+b} + \sqrt{16a+16b} + \sqrt{25a+25b} - \sqrt{52a - b - (3a - 50b)}$.

Schaffe die Nenner unter dem Wurzelzeichen fort:

70) $\sqrt{\frac{2}{3}}$; 71) $\sqrt{\frac{11}{24}}$; 72) $\sqrt{1\frac{1}{8}}$; 73) $\sqrt{\frac{27}{98}}$; 74) $\sqrt{\frac{71}{2}}$; 75) $\sqrt{1\frac{19}{125}}$; 76) $\sqrt{1{,}4}$; 77) $\sqrt{0{,}289}$; 78) $\frac{91}{3}\sqrt{\frac{1}{18}}$; 79) $\frac{18}{11}\sqrt{\frac{11}{12}}$.

Vereinfache möglichst:

80) $\frac{5}{8}\sqrt{40}$ 81) $\frac{1}{3}\sqrt{2{,}7:2{,}5}$ 82) $\sqrt{1-\frac{1}{81}}\cdot\sqrt{243}$

83) $\sqrt{\frac{0{,}34}{4{,}32}}\cdot\sqrt{\frac{0{,}01}{8{,}5}}$, 84) $\sqrt{12}+\sqrt{75}-\sqrt{108}$, 85) $\sqrt{12}+\sqrt{125}$,

86) $4\sqrt{72}-3\frac{3}{4}\sqrt{32}-\sqrt{288}$, 87) $\frac{3}{4}\sqrt{176}+\frac{2}{5}\sqrt{275}+\frac{7}{3}\sqrt{999}$

88) $3\sqrt{63}+2\sqrt{96}-\sqrt{28}-\sqrt{343}+\sqrt{24}$

89) $\sqrt{10}\sqrt{40}-\sqrt{1728}\sqrt{50}+3\sqrt{243}$, 90) $\sqrt{\frac{5}{8}}:\frac{5}{8}+\sqrt{\frac{27}{16}}:\frac{27}{16}$

91) $27:\sqrt{0{,}3}\cdot\sqrt{0{,}1}:\sqrt{2187}$, 92) $\sqrt{\frac{3}{7}}\sqrt{\frac{343}{27}}+\sqrt{5}\sqrt{\frac{120}{13}}\sqrt{26}$

93) $\frac{3}{4}\sqrt{\frac{5}{27}}\sqrt{\frac{8}{15}}+3:\sqrt{2}$, 94) $\sqrt{\frac{7}{3}}\sqrt{\frac{11}{196}}\sqrt{\frac{8}{33}}+\sqrt{\frac{1}{2}}\sqrt{\frac{1}{3}}\sqrt{\frac{1}{5}}$.

Führe die angedeutete Multiplikation aus und vereinfache dabei möglichst:

95) $(4\sqrt{8}-\sqrt{32}+2\sqrt{50})\sqrt{2}$ 96) $(\frac{3}{4}\sqrt{2}+\frac{7}{8}\sqrt{\frac{8}{49}}-\frac{1}{2}\sqrt{288})\sqrt{50}$

97) $(7\sqrt{75}-3\sqrt{150}+2\sqrt{243})\sqrt{3}$

98) $\frac{2}{5}(4\sqrt{7}-\frac{1}{2}\sqrt{243}+\sqrt{112})\sqrt{63}$, 99) $(\sqrt{6}-\sqrt{2})(\sqrt{3}-\sqrt{2})$

100) $(\sqrt{19}-\sqrt{11})(\sqrt{11}-\sqrt{2})$ 101) $(\sqrt{11}-\sqrt{2})(\sqrt{5}-7)$

102) $(2\sqrt{7}-\sqrt{3})(3\sqrt{14}-\sqrt{2})$ 103) $(5-4\sqrt{3})(\sqrt{3}+\sqrt{6})$

104) $(2-\sqrt{2})(9\sqrt{5}-1)$ 105) $(\sqrt{11}+\sqrt{7})(\sqrt{11}-\sqrt{7})$

106) $(\frac{8}{3}-\sqrt{7})(\frac{8}{3}+\sqrt{7})$ 107) $(\frac{4}{7}\sqrt{77}+5)(5-\frac{4}{7}\sqrt{77})$

108) $(\frac{1}{2}\sqrt{35}+\frac{1}{4}\sqrt{40})(\frac{1}{2}\sqrt{35}-\frac{1}{4}\sqrt{40})$

109) $(12-\sqrt{11}\sqrt{13})(12+\sqrt{11}\sqrt{13})$

110) $(3\sqrt{\frac{3}{4}}-\frac{1}{2}\sqrt{13})(3\sqrt{\frac{3}{4}}-\frac{1}{2}\sqrt{13})$

111) $(2+\sqrt{2}+\sqrt{3})(\sqrt{6}-\sqrt{3})$

112) $(\sqrt{30}-\sqrt{5}-\sqrt{6})(2\sqrt{12}-\sqrt{15})$

113) $(6+\sqrt{24}+\sqrt{60})(2+\sqrt{6}-\sqrt{10})$

114) $(\sqrt{\frac{5}{2}}-1-\sqrt{\frac{3}{2}})(2\sqrt{15}+6-2\sqrt{6})$

115) $(4\sqrt{75}-\sqrt{242}-\frac{1}{3}\sqrt{33})(\sqrt{11}-\frac{1}{4}\sqrt{3}+\sqrt{33})$

116) $(\sqrt{\frac{1}{5}}+\sqrt{\frac{1}{6}}+\sqrt{\frac{1}{8}})(\sqrt{5}+\sqrt{6}+\sqrt{8})$.

Bei der Vereinfachung der folgenden Ausdrücke sind auch Formeln aus § 14 zu beachten:

117) $(7-\sqrt{7}\sqrt{3}+3)(\sqrt{7}+\sqrt{3})$ 118) $(\sqrt{5}-2)(5+2\sqrt{5}+4)$

119) $(\sqrt{5}-\sqrt{3})(5\sqrt{5}+5\sqrt{3}+3\sqrt{5}+3\sqrt{3})$ 120) $(1+\sqrt{2})^2$

121) $(\sqrt{5}-1)(5\sqrt{5}+5+\sqrt{5}+1)$ 122) $(\sqrt{0{,}2}-\sqrt{0{,}1})^2$

123) $(\sqrt{5}+2\sqrt{3})^2$ 124) $(\sqrt{2}-3)^2$ 125) $(\sqrt{3}-\sqrt{2})^2$

126) $(\sqrt{6}-2-\sqrt{2})^2$ 127) $(3\sqrt{6}-2\sqrt{3})^2$ 128) $(7+\sqrt{2}+\sqrt{3})^2$

129) $(\sqrt{3}+1)^3$ 130) $(2\sqrt{5}+\sqrt{2})^3$ 130_1) $(3\sqrt{7}-\sqrt{21})^3$.

Verwandle in eine einzige Wurzel:

131) $\sqrt{4+\sqrt{5}}\ \sqrt{3-\sqrt{5}}$ 132) $\sqrt{\sqrt{11}-2}\ \sqrt{14-\sqrt{22}}$

133) $\sqrt{9-\frac{1}{2}\sqrt{3}}\ \sqrt{9+\frac{1}{2}\sqrt{3}}$ 134) $\sqrt{4\sqrt{5}+\sqrt{31}}\ \sqrt{4\sqrt{5}-\sqrt{31}}$

135) $\sqrt{9+2\sqrt{6}}\ \sqrt{9\sqrt{3}-6\sqrt{2}}$ 136) $\sqrt{4+2\sqrt{2}-\sqrt{3}}\ \sqrt{7-\sqrt{2}}$

137) $\sqrt{\sqrt{5}+\sqrt{3}+\sqrt{2}}\ \sqrt{\sqrt{5}+\sqrt{3}-\sqrt{2}}$

138) $\sqrt{2\sqrt{7}-\sqrt{3}+\sqrt{21}}\ \sqrt{4-\sqrt{3}}\ \sqrt{2\sqrt{21}-\sqrt{7}}\ \sqrt{3\sqrt{7}-\sqrt{3}}$.

Verwandele in eine Wurzel:

139) $(\sqrt{5}+1)\sqrt{5-\sqrt{5}}$ 140) $(\sqrt{3}+2\sqrt{2})\sqrt{17+4\sqrt{6}}$

141) $(\sqrt{7}-3)\sqrt{8+3\sqrt{7}}$ 142) $(3\sqrt{15}-\sqrt{65})\sqrt{9\sqrt{13}+20\sqrt{3}}$

143) $(1+\frac{1}{2}\sqrt{3})\sqrt{1\frac{3}{4}+\sqrt{3}-\frac{1}{28}}$.

Wende auf die folgenden Wurzel-Ausdrücke die Formel:

$$\sqrt{a \pm \sqrt{a^2-q^2}} = \sqrt{\frac{a+q}{2}} \pm \sqrt{\frac{a-q}{2}}$$ an:

144) $\sqrt{7+\sqrt{40}}$ 145) $\sqrt{16+\sqrt{231}}$ 146) $\sqrt{20-6\sqrt{11}}$

147) $\sqrt{21-\sqrt{80}}$ 148) $\sqrt{17+\sqrt{280}}$ 149) $\sqrt{1-\frac{4}{9}\sqrt{5}}$

150) $\sqrt{\frac{51}{4}-9\sqrt{2}}$ 151) $\sqrt{30\frac{3}{4}+3\sqrt{66}}$

152) $\sqrt{0,1+0,04\cdot\sqrt{6}}$ 153) $\sqrt{29\frac{1}{2}-2\sqrt{199\frac{1}{2}}}$.

Schaffe die Wurzelzeichen aus dem Nenner:

154) $\frac{2}{2+\sqrt{2}}$ 155) $\frac{6}{\sqrt{7}+1}$ 156) $\frac{8}{\sqrt{11}+\sqrt{7}}$ 157) $\frac{2}{\sqrt{13}-3}$

158) $\frac{2\sqrt{13}}{\sqrt{13}+3}$ 159) $\frac{\sqrt{3}}{\sqrt{3}-\sqrt{2}}$ 160) $\frac{\sqrt{3}+\sqrt{2}}{\sqrt{3}-\sqrt{2}}$ 161) $\frac{7-4\sqrt{3}}{7+4\sqrt{3}}$

162) $\frac{3+\sqrt{2}}{7-4\sqrt{3}}$ 163) $\frac{47}{4\sqrt{3}-1}$ 164) $\frac{86}{4\sqrt{3}+\sqrt{5}}$ 165) $\frac{1}{\frac{3}{4}\sqrt{2}-1}$

166) $\frac{79}{4-\sqrt{\frac{1}{5}}}$ 167) $\frac{7\sqrt{5}-\sqrt{3}}{\sqrt{5}+\sqrt{3}}$ 168) $\frac{(\sqrt{3}+\sqrt{15})13}{2\sqrt{15}-\sqrt{21}}$

169) $\frac{4+\sqrt{7}-\sqrt{2}}{\sqrt{7}-2\sqrt{2}}$ 170) $\frac{4\sqrt{15}+6\sqrt{5}-10\sqrt{3}-20}{4\sqrt{5}+2\sqrt{15}}$

171) $\frac{23}{2+\sqrt{2}+\sqrt{3}}$ 172) $\frac{28}{\sqrt{5}+\sqrt{6}-\sqrt{3}}$ 173) $\frac{6\frac{1}{2}\sqrt{3}-7\sqrt{2}+\sqrt{7}}{\sqrt{21}+\frac{1}{2}\sqrt{6}-\sqrt{14}}$

174) $\frac{36\sqrt{2}-9\sqrt{10}+4\sqrt{6}-2\sqrt{3}-\sqrt{30}}{4\sqrt{3}-\sqrt{6}-\sqrt{15}}$ 175) $\frac{5}{\sqrt{7}+\sqrt{5}-\sqrt{2}-\sqrt{10}}$

176) $\frac{\sqrt{5}+\sqrt{3}}{\sqrt{15}+\sqrt{10}+\sqrt{6}+3}$ 177) $\frac{1+3\sqrt{2}-2\sqrt{3}-3\sqrt{14}+2\sqrt{21}}{\sqrt{2}+\sqrt{3}+\sqrt{6}-\sqrt{42}}$.

---

178) Entscheide, ob rational oder irrational ist: a) $\sqrt{27}:\sqrt{3}$, b) $\sqrt{18{,}49}$, c) $\sqrt{7}\sqrt{0{,}63}$, d) $(\sqrt{3}+1)(\sqrt{3}-1)$, e) $2\sqrt{5}-\sqrt{20}$, f) $2-\sqrt{2}$, g) $2\sqrt{24}+\sqrt{216}-\sqrt{600}$, h) $11+\sqrt{363}\sqrt{3}$.

179) Welche von den folgenden Zahlen sind zwar irrational, aber nicht gleich Quadratwurzeln aus rationalen Zahlen: a) $\sqrt{3}+\sqrt{2}$, b) $\sqrt{3}+\sqrt{12}$, c) $\sqrt{(3+\sqrt{21})(\sqrt{21}-3)}$, d) $\sqrt{3+\sqrt{21}}$, e) $4\sqrt{\frac{2}{3}}-\sqrt{6}$, f) $(\sqrt{2}+\sqrt{3})^2-5$, g) $\frac{\sqrt{10}-2}{\sqrt{5}-\sqrt{2}}$, h) $\frac{\sqrt{7}-1}{\sqrt{7}+1}$?

180) Beweise, daß $b \cdot c$ ein Quadrat sein muß, wenn $\sqrt{b}+\sqrt{c} = \sqrt{a}$ ist und a, b, c rational sind.

181) Welche Zahl ist konjugiert-irrational zu: a) $1+\sqrt{3}$, b) $3-\sqrt{11}$, c) $13-2\sqrt{5}$, d) $\frac{3}{4}+\frac{1}{4}\sqrt{23}$, e) $\sqrt{5}+1$, f) $3\sqrt{7}-2$?

182) Addiere und multipliziere jede der in 181) genannten Zahlen mit der ihr konjugiert-irrationalen.

183) Bestimme die rationalen Zahlen x und y aus der einen Gleichung: a) $x+\sqrt{y}=3+\sqrt{7}$, b) $x+\sqrt{y} = 5\frac{1}{2}+2\sqrt{3}$, c) $x-\sqrt{x+y}=11-\sqrt{13}$, d) $x-\sqrt{y} = (1+\sqrt{2})^2$, e) $3x+4y-\sqrt{y}=86-2\sqrt{5}$.

184) Beweise aus der identischen Gleichung $\left(\sqrt{\frac{b}{2}}-\sqrt{\frac{c}{2}}\right)^2 = \frac{b+c}{2}-\sqrt{bc}$, daß das arithmetische Mittel zweier positiver Zahlen nie kleiner als ihr geometrisches Mittel ist.

185) Wenn a, r, a′, r′ rationale Zahlen sind und r und r′ keinen Primfaktor öfter als einmal enthalten, so folgen aus $a\sqrt{r} = a'\sqrt{r'}$ zwei Gleichungen, nämlich $a = a'$ und $r = r'$. Warum?

Die folgenden Buchstaben-Ausdrücke zu vereinfachen:

186) $(\sqrt{a+b}+\sqrt{a-b})(\sqrt{a+b}-\sqrt{a-b})$

187) $\sqrt{a}\sqrt{abc}\sqrt{bd}\sqrt{cd}$ 188) $(\sqrt{a^2b}+\sqrt{bc^2}):(a+c)$

189) $(ab:c)\sqrt{c:(a^2b^2)}$ 190) $(\sqrt{a}+\sqrt{b})^2-\sqrt{4ab}$

191) $\frac{a+b}{c}\sqrt{\frac{c^3}{a^2+2ab+b^2}}$ 192) $\frac{\sqrt{9a^2c+6abc+b^2c}}{\sqrt{36a^2+24ab+4b^2}}$

193) $(\sqrt{18a}+5\sqrt{32a}-3\sqrt{72a})\sqrt{2a}$

194) $\left(\sqrt{\frac{p+1}{2}}+\sqrt{\frac{p-1}{2}}\right)^2$ 195) $\sqrt{p+\sqrt{p^2-q}}\sqrt{p-\sqrt{p^2-q}}$

196) $(\sqrt{p}+\sqrt{q})^2+(\sqrt{p}-\sqrt{q})^2$ 197) $\sqrt{a^2-b^2}\sqrt{(a+b):(a-b)}$

198) $(1-x):(1-\sqrt{x})$ 199) $(p-q):(\sqrt{p}-\sqrt{q})$

200) $\sqrt{a+2+\frac{1}{a}}$ 201) $\left(\frac{a}{\sqrt{b}}-\frac{b}{\sqrt{a}}\right)(\sqrt{a}+\sqrt{b})$

202) $\frac{a\sqrt{a}+b\sqrt{b}}{\sqrt{a}+\sqrt{b}}$ 203) $\frac{\sqrt{b}}{a+\sqrt{b}}$ 204) $\frac{\sqrt{a}+\sqrt{b}}{\sqrt{a}-\sqrt{b}}$

205) $\frac{1}{\sqrt{a+1}-\sqrt{a}}$ 206) $\frac{2y\sqrt{x-y}}{\sqrt{x+y}-\sqrt{x-y}}$ 207) $\sqrt{\frac{\sqrt{a}-b}{\sqrt{a}+b}}$

208) $\frac{\sqrt{a}+\sqrt{b}+\sqrt{c}}{\sqrt{a}+\sqrt{b}-\sqrt{c}}$ 209) $\frac{a-2b}{\sqrt{a}+\sqrt{b}-\sqrt{\frac{a}{2}}-\sqrt{2b}}$

Bestimme x aus den folgenden Proportionen:

210) $\sqrt{3}:\sqrt{6}=\sqrt{2}:x$ 211) $7:\sqrt{14}=\sqrt{14}:x$

212) $\sqrt{2}:x=x:\sqrt{8}$ 213) $-\sqrt{11}:\sqrt{3}=x:-\sqrt{22}:3$

214) $\sqrt{\tfrac{1}{2}}:\sqrt{2}=(\sqrt{2}+\sqrt{7}):x$ 215) $(\sqrt{2}+1):(\sqrt{2}-1)=x:\sqrt{2}$

216) $(\sqrt{2}+\sqrt{3}):x=(7+3\sqrt{6}):(1-\sqrt{6})$

217) $1:(\tfrac{1}{2}\sqrt{5}-\tfrac{1}{2})=(\tfrac{1}{2}\sqrt{5}-\tfrac{1}{2}):x.$

Berechne x aus den Gleichungen:

218) $4x-2=\sqrt{15}\,(x-\tfrac{1}{2})$ 219) $x\sqrt{7}:2=\sqrt{28}+x:2$

219_1) $x\sqrt{3}+x\sqrt{2}=2+\sqrt{6}$

220) $3-\tfrac{3}{2}\sqrt{2}-\tfrac{1}{3}\sqrt{3}=(3x-\sqrt{2}):(x+\sqrt{3}).$

Wurzel-Gleichungen.

I) Ersten Grades, einmal quadrieren.

221) $\sqrt{x}+15=19$ 222) $3-\sqrt{x}=\tfrac{3}{2}$ 223) $\tfrac{4}{7}+\tfrac{2}{3}\sqrt{x}=\tfrac{40}{21}$

224) $\frac{3\sqrt{x}-\frac{1}{2}\sqrt{x}}{5}=\frac{-7+5\sqrt{x}}{6}$ 225) $\frac{\sqrt{3x}-1}{\sqrt{3x}+1}=\tfrac{2}{3}$

226) $7+\sqrt{3x-2}=12$ 227) $4+\frac{1}{2}\sqrt{9x+1}=9$

228) $\frac{1}{2}\sqrt{3x+13}+\frac{1}{3}\sqrt{3x+13}=3\frac{1}{3}$ 229) $\sqrt{4+\frac{1}{2}x}+7=10\sqrt{4+\frac{1}{2}x}-2$

230) $1+\sqrt{x^2-3x+5}=x$ 231) $\sqrt{x^2+9x+6}-3=x$

232) $2x=\sqrt{4x^2+\frac{1}{2}x-2}$ 233) $\sqrt{4x^2+\frac{1}{2}x-26}=1-2x$

234) $\sqrt{(x+1)(x+8)}-x=4$ 235) $\sqrt{(x+3)(2x-7)}=x\sqrt{2}$

236) $(3+\sqrt{x})(2-\sqrt{x})=1-x$ 237) $(3\sqrt{2x}-5)(4-\sqrt{2x})=10-6x$

238) $\frac{x+5}{\sqrt{x+2}}=\sqrt{x+9}$ 239) $\sqrt{3x+495}=(6x+6):\sqrt{12x}$.

II) Ersten Grades, zweimal quadrieren:

240) $\sqrt{10+3\sqrt{x-1}}=4$ 241) $\sqrt{50-\sqrt{7x-6}}=7$

242) $\sqrt{x+11}=\sqrt{x}+1$ 243) $\sqrt{4x+7}=1+2\sqrt{x}$

244) $\sqrt{3x-5}+\sqrt{12x+1}=\sqrt{27x-14}$

245) $\sqrt{9x+10}-\sqrt{x-1}=\sqrt{4x+9}$

246) $\sqrt{27x-2}-\sqrt{3x-2}=\sqrt{12x+4}$

247) $\sqrt{ax+b}+\sqrt{ax+c}=\sqrt{4ax+d}$.

III) Zweiten Grades (§ 28):
(Weitere Beispiele hierzu in § 31, Nr. 138 bis 162.)

248) $\sqrt{x+9}=x-11$ 249) $4\sqrt{1+2x}-8=x$

250) $\sqrt{3x+\frac{3}{4}}+1=5x$ 251) $\sqrt{4+3x}+x=22$

252) $\sqrt{5x-34}+\sqrt{2x+16}=\sqrt{3x+70}$

253) $\sqrt{35+x}-2\sqrt{14+x}=\sqrt{31+3x}$

254) $\sqrt{x^2-a^2}=\sqrt{b}\sqrt{b+2a}$

255) $\sqrt{a+x}+\sqrt{x-\frac{1}{2}a}=\sqrt{x+\frac{27}{16}a}$.

256) Die Gleichung $x+2\sqrt{x}=15$ soll auf zweifache Weise gelöst werden, erstens dadurch, daß man dieselbe als eine quadratische Gleichung für $\sqrt{x}$ als Unbekannte auffaßt, zweitens dadurch, daß man $\sqrt{x}$ isolirt, dann quadriert und endlich die entstandene quadratische Gleichung löst.

257) Beweise, daß $\sqrt{12x+1}-\sqrt{3x-5}=\sqrt{27x-14}$ durch keinen Wert von x befriedigt wird.

228) Welches Vorzeichen muß man bei der Gleichung: $\sqrt{50+\sqrt{7x-6}}=7$ in das entgegengesetzte verwandeln, damit eine Gleichung entsteht, die eine Wurzel hat?

---

§ 30.

Vierte Erweiterung des Zahlengebiets.

(Imaginäre Zahlen.)

Definition: $(\sqrt{a})^2 = a$, wo a negativ ist, z. B. $(\sqrt{-3})^2 = -3$.
$\sqrt{-b} = \sqrt{-1}\,\sqrt{b} = i\sqrt{b}$; $-\sqrt{-b} = -\sqrt{-1}\,\sqrt{b} = -i\sqrt{b}$;
$i^2 = -1$ und $(-i)^2 = -1$.

---

1) Was bedeutet: a) $\sqrt{-3}$, b) $\sqrt{-a}$, c) $\sqrt{-\pi}$?

2) Berechne: a) $(\sqrt{-11})^2$, b) $(\sqrt{-16})^2$, c) $(\sqrt{-\frac{4}{5}})^2$, d) $(\sqrt{1-\sqrt{2}})^2$, e) $\sqrt{-2}\,\sqrt{-2}$.

3) Welche von den folgenden Zahlen sind imaginär: a) $\sqrt{-5}$, b) $-\sqrt{5}$, c) $-\sqrt{-5}$, d) $\sqrt{1-\sqrt{3}}$, e) $\sqrt{0{,}14-\frac{1}{7}}$, f) $\sqrt{-1}\,\sqrt{-1}$?

4) Nenne die Ungleichung, welche bedingt, daß a) $\sqrt{1-x}$, b) $\sqrt{-x}$, c) $\sqrt{3-2x}$, d) $\sqrt{1+9x}$, e) $\sqrt{x\sqrt{2}-2}$ imaginär wird.

5) Wie heißen die beiden Wurzeln der Gleichung: a) $x^2 = -4$, b) $x^2 = -\frac{9}{16}$, c) $x = -\frac{1}{x}$, d) $x(x-7)+7(x+7)=0$?

6) Ist $\sqrt{-5}\,\sqrt{-7}$ gleich $+\sqrt{35}$ oder gleich $-\sqrt{35}$?

7) Schreibe als Produkt von $\sqrt{-1}$ oder $-\sqrt{-1}$ mit einer reellen Zahl: a) $\sqrt{-4}$, b) $-\sqrt{-7}$, c) $\sqrt{-0{,}01}$, d) $\sqrt{1-\sqrt{2}}$.

8) Schreibe die in Nr. 7 genannten Zahlen mit Benutzung der Zeichen $+i$ für $\sqrt{-1}$ und $-i$ für $-\sqrt{-1}$.

Bringe auf die Form $+a$, $-a$, $+ia$, oder $-ia$, wo a reell ist:

9) $\sqrt{-12}\,\sqrt{-108}$, 9_1) $\sqrt{-21}\,\sqrt{7}$, 10) $(3\sqrt{-5})(\frac{1}{5}\sqrt{-10})$,

10_1) $\sqrt{-1}\sqrt{-2}\sqrt{-3}$, 11) $\frac{\sqrt{-10}}{\sqrt{-5}}$, 11_1) $\frac{(-\sqrt{3})(-\sqrt{-6})\sqrt{32}}{4\sqrt{-1}}$,

12) $\frac{1}{\sqrt{-16}}$, 13) $\frac{i\sqrt{7}}{\sqrt{-7}}$, 14) $(3\sqrt{-2})^2$, 15) $(3\sqrt{-2})^3$,

16) $4i^3\sqrt{-2}$, 17) i^{12}, 18) $-i^{16}$, 19) i^{13}, 20) i^{15}, 21) $i^{4\cdot 23}$, 22) $i^{4\cdot 23+1}$, 23) $i^{4\cdot 23+2}$, 24) $i^{4\cdot 23+3}$, 25) $1:i^3$, 26) $1:i^4$, 27) $1:i^{10}$, 28) $1:i^{19}$, 29) $(-1):i^{21}$.

30) Was folgt für die reellen Zahlen x und y aus: a) $x = iy$, b) $(3x+y-7)i = y-4$, c) $\frac{1}{2}x - \frac{1}{3}y = i(x+y-\frac{5}{6})$?

31) Schreibe als Produkt von $+i$ oder $-i$ mit einer reellen Zahl: a) $3i+15i-8i$, b) $5i+\sqrt{-9}$, c) $\sqrt{-12}+\sqrt{-3}$, d) $\sqrt{-3}+\sqrt{-\frac{1}{2}}$.

32) In welchen Fällen ist die Summe aus a) einer natürlichen und einer negativen Zahl gleich einer negativen Zahl? b) einer ganzen und einer eigentlich gebrochenen Zahl gleich einer eigentlich gebrochenen Zahl? c) einer rationalen Zahl und einer irrationalen Quadratwurzel gleich einer irrationalen Quadratwurzel? d) einer reellen Zahl und einer rein-imaginären Zahl gleich einer rein-imaginären Zahl?

33) Beantworte die Fragen, welche aus Nr. 32 entstehen, wenn man Produkt statt Summe sagt.

34) Gieb die Fälle an, in welchen die Summe oder Differenz a) zweier negativen Zahlen nicht negativ, b) zweier eigentlich gebrochener Zahlen nicht eigentlich gebrochen, c) zweier irrationalen Quadratwurzeln nicht eine irrationale Quadratwurzel, d) zweier rein-imaginärer Zahlen nicht rein-imaginär ist.

35) Wie müssen die als ganz, endlich und nicht negativ vorausgesetzten Zahlen m, n, p, q beschaffen sein, damit der Ausdruck $\sqrt{\frac{m}{n}} + i\sqrt{\frac{p}{q}}$: a) eine natürliche Zahl, b) eine gebrochene Zahl, c) eine irrationale Quadratwurzel, d) eine reelle Zahl, e) eine rein imaginäre Zahl, f) eine komplexe Zahl darstellt?

42) Welches ist die konjugierte Zahl zu a) $2+5i$, b) $\frac{1}{2} - 3i$, c) $3 + i\sqrt{3}$, d) $0{,}25 - \frac{i}{2}\sqrt{3}$, e) $-i\sqrt{\frac{1}{2}}$, f) -19?

43) Gieb eine Zahl an, welche, mit a) $3 - 2i$, b) $7+i$, c) $-\frac{1}{2} - \frac{1}{2}i\sqrt{3}$ addiert und auch multipliziert, eine reelle Zahl liefert.

Die Ausdrücke von Nr. 44 bis Nr. 114 sollen in der Form $a + ib$, wo a und b reell sind, dargestellt, und dabei möglichst vereinfacht werden. Die Buchstaben, welche außer dem Zeichen i auftreten, bezeichnen hier immer positive Zahlen:

44) $(1+2i)+(3-i)-(5-7i)$
45) $(\frac{1}{2}+i)+(\frac{1}{2}-i)+(3+2i)$
46) $i\sqrt{2}+(3-i)-(3+i\sqrt{8})$
47) $\sqrt{-6}+i\sqrt{24}-(\sqrt{-54}+3)$
48) $(4+2i)\,(3-5i)$
49) $(2-3i)\,(7-5i)$
50) $(4-7\sqrt{-1})\,(8+\sqrt{-196})$
51) $(5\frac{1}{2}+2i)\,(\frac{1}{11}-2i)$
52) $(0{,}4i+1)\,(3i)$
53) $(0{,}\overline{3}i-\frac{1}{3})\,(3+0{,}\overline{3}i)$
54) $(\frac{1}{2}\sqrt{3}+2i)\,(-\frac{1}{2}\sqrt{3}+2i)$
55) $(4\sqrt{2}-i\sqrt{3})\,(3\sqrt{6}-24i)$
56) $(-\frac{1}{2}+\frac{i}{2}\sqrt{3})\,(\frac{1}{2}+\frac{i}{2}\sqrt{3})$
57) $(-\frac{1}{2}-\frac{i}{2}\sqrt{3})(-\frac{1}{2}+\frac{i}{2}\sqrt{3})$

58) $(\sqrt{37}+3i\sqrt{7})(-3i\sqrt{7}+\sqrt{37})$

59) $(1+\sqrt{2}-3i\sqrt{5}-2i)(1+\sqrt{2}+3i\sqrt{5}+2i)$

60) $(1+i)^2$ 61) $(2+i\sqrt{6})^2$ 62) $(1+2i)^3$ 63) $(-1+i\sqrt{3})^3$

64) $(\frac{1}{2}+11i\sqrt{6})^2-(\frac{3}{2}\sqrt{347})^2$ 65) $(3+i\sqrt{2})(5+i\sqrt{6})(3-i\sqrt{2})$

66) $(7+i\sqrt{5})^2+(7-i\sqrt{5})^2+(-7+i\sqrt{5})^2+(-7-i\sqrt{5})^2$

67) $(a+ib)(c+id)$ 68) $(\sqrt{p}+i\sqrt{q})(\sqrt{p}-i\sqrt{q})$

69) $(\sqrt{m}-\sqrt{-m})^2$ 70) $(a+ib)^2+(a-ib)^2$ 71) $(p+iq)^3-(p-iq)^3$

72) $[(a+ib)^3+(a-ib)^3]:2a$ 73) $(1+i)^4$ 74) $(1-i)^4$.

---

75) $\frac{2}{1+i}$ 76) $\frac{50}{3+4i}$ 77) $\frac{53}{7+2i}$ 78) $\frac{4}{1+i\sqrt{3}}$

79) $\frac{15}{\sqrt{2}-i\sqrt{3}}$ 80) $\frac{28}{\sqrt{-5}-3}$ 81) $\frac{1-3i\sqrt{5}}{7+i\sqrt{5}}$

82) $\frac{\sqrt{35}+i}{\sqrt{7}-3i\sqrt{5}}$ 83) $\frac{1-i\sqrt{3}}{1+i\sqrt{3}}$ 84) $\frac{(2+i)^2}{3-4i}$ 85) $\frac{(1+i)^2}{-1+i}$

86) $\frac{1}{\sqrt{3}+\sqrt{2}+i\sqrt{5}}$ 87) $\frac{1-i^3}{(1-i)^3}$ 88) $\frac{17}{4-i}+\frac{15}{2-i}-\frac{10}{2+i}$

89) $\frac{p+2iq}{p-2iq}$ 90) $\frac{\sqrt{a}-i\sqrt{b}}{\sqrt{a}+i\sqrt{b}}$ 91) $\frac{a+ib}{b-ia}$ 92) $\frac{(a+ib)^2}{a^2-b^2-2iab}$

93) $\frac{\sqrt{2-a}+\sqrt{2+a}}{\sqrt{2-a}-\sqrt{2+a}}$, wo $a>2$ ist; 94) $1:\sqrt{\left(\frac{a}{2}\right)^2-bc}$, wo $\sqrt{bc}>\frac{a}{2}$ ist.

---

95) $\sqrt{5+12i}$ 96) $\sqrt{-32-126i}$ 97) $\sqrt{2i}$ 98) $\sqrt{-2i}$ 99) $\sqrt{pi}$

100) $\sqrt{\frac{5}{36}+\frac{1}{3}i}$ 101) $\sqrt{48\frac{15}{16}-3\frac{1}{2}i}$ 102) $\sqrt{-8+\sqrt{-36}}$

103) $\sqrt{1+2i\sqrt{2}}$ 104) $\sqrt{-\frac{1}{2}+\frac{i}{2}\sqrt{3}}$ 105) $-\sqrt{-\frac{1}{2}-\frac{i}{2}\sqrt{3}}$

106) $-\sqrt{\frac{15}{4}-2i}$ 107) $\sqrt{\sqrt{-2}}$ 108) $\sqrt{-\frac{3}{4}+i}+\sqrt{-\frac{3}{4}-i}$

109) $(7-i\sqrt{2})(5+9i\sqrt{2}):\sqrt{i}$ 110) $\sqrt{7+6i\sqrt{2}}:\sqrt{7-6i\sqrt{2}}$

111) $\sqrt{2+64i}:\sqrt{4+5i}$ 112) $\sqrt{\frac{2(13-9i)}{1-3i}}$

113) $\sqrt{\frac{12+34i}{\sqrt{5+12i}}}$ 114) $\left[\frac{4+3i}{7-i}+\sqrt{8i\sqrt{3}-8}\right](5i-1)^2$.

---

§ 31.

Quadratische Gleichungen mit einer Unbekannten in arithmetischer Sprache, teilweise mit irrationalen und imaginären Wurzeln.

Die Wurzeln sind reell, aber irrational.

1) $x^2=15$ 2) $x(x+5)=5(x+7)$ 3) $\frac{31}{x}=x$

4) $(x+\sqrt{3})(x-\sqrt{3})=0$ 5) $3x^2=5$ 6) $5x^2-7=0$

7) $x^2-4x-1=0$ 8) $x^2-8x+9=0$ 9) $x^2+20x+90=0$

10) $x^2+22x+110=0$ 11) $x^2-2x-67=0$

12) $x^2+34x=289$ 13) $x^2-3x+1\frac{1}{2}=0$ 14) $25x^2-20x=41$

15) $12x^2+12x=\frac{103}{3}$ 16) $1600x^2-400x-359=0$

17) $\frac{1}{4}x^2-8x+48=0$ 18) $1\frac{1}{2}x^2-2x-\frac{19}{12}=0$

19) $2x^2+\frac{9}{2}x-\frac{285}{2}=0$ 20) $x^2+\frac{2x}{11}-2056\frac{120}{121}=0$

21) $\frac{x^2}{2}-2x-1\frac{5}{16}=0$ 22) $13x^2+2x-168\frac{12}{13}=0$

$22_1)$ $\frac{(x-5)x}{x-1}-\frac{2}{x-1}=3$ $22_2)$ $\frac{4}{5x(x-2)}=1+\frac{2-\frac{5}{x}}{1-\frac{2}{x}}$.

Die Wurzeln sind imaginär.

23) $x^2=-9$ 24) $x^2=-\frac{16}{25}$ 25) $x^2+16=0$

26) $(x+4)^2=8x$ 27) $x=\frac{-25}{x}$ 28) $x=-\frac{1}{x}$

29) $9x^2=-2$ 30) $4x^2=-\frac{5}{9}$ 31) $x^2+\frac{7}{15}=0$

32) $x(x+\frac{3}{2})=\frac{3(x-5)}{2}$ 33) $\frac{x-5}{x}=x+1$

34) $x^2+x+1=0$ 35) $x^2-4x+5=0$ 36) $x^2-6x+34=0$

37) $x^2+6x+14=0$ 38) $x^2+\frac{2}{3}x+\frac{1}{3}=0$

39) $x^2-\frac{2}{7}x+343\frac{1}{49}=0$ 40) $1089x^2+726x+274=0$

41) $9x^2+3x+5=0$ 42) $x^2-74x+1369\frac{1}{37}=0$

43) $x^2+82x+1738\frac{16}{49}=0$ $43_1)$ $\frac{3x+5}{x-7}+x=1$

$43_2)$ $\frac{x-13}{x-1}:\frac{x}{7}=1$ $43_3)$ $\frac{2-\frac{5}{x}}{1+\frac{2}{x}}-\frac{116}{x(x+2)}=3$.

Die Koeffizienten sind zum Teil irrational, imaginär oder Buchstaben-Ausdrücke.

44) $x^2-\sqrt{2}x+1=0$ 45) $x^2+x\sqrt{2}+\sqrt{2}=0$

46) $x(x+\frac{1}{2}\sqrt{3})=\frac{13}{16}$ 47) $9x^2=4+2\sqrt{3}$

48) $x^2 - 2x(\sqrt{5} + \sqrt{3}) = 45 - 10\sqrt{15}$

49) $x^2 - 2(\sqrt{-9} \cdot x = 25$ 50) $x(x + 8 - 2i) - 8i = 0$

51) $\dfrac{x - \sqrt{3}}{x - \sqrt{2}} = \dfrac{3x}{2}$ [52) $\dfrac{x + 3i}{5} + \dfrac{12}{ix} = i - 6$

53) $(x^2 - 2x - 4ix\sqrt{3}) : 15 + 1\frac{1}{16} + \frac{1}{8}i\sqrt{3} = 0$

54) $x^2 + 5i = x(\sqrt{2} + \sqrt{3})(1 + i)$ 54_1) $x^2 + 16 + 5i = 10x + 2\frac{1}{2}ix$

54_2) $x^2 + 3x + 2ix\sqrt{3} + 3i\sqrt{3} = 1$ 55) $x^2 - 2ax + a^2 + 1 = 0$

56) $x^2 - ax + \frac{a^2}{4} - b^2 = 0$ 57) $x^2 - ax + \frac{a^2}{4} + b^2 = 0$

58) $x^2 + \dfrac{34}{\sqrt{17}}(a - b)x + 28(a^2 + b^2) = 12ab$

59) $x^2 - 4x + 4 - 9i = 0$ 60) $x^2 + 2a\sqrt{2} \cdot x + 2a^2 = 3ib^2$

61) $x^2 - 2x\sqrt{\pi} + \pi - \sqrt{i\pi} = 0$ 62) $\dfrac{x^2 + q}{\sqrt{3p}} = 2x - \sqrt{3p}$

63) $x^2 + 7a\sqrt{b} = 4ax + 3\sqrt{bx^2} - x^2$

64) $x^2 + a + b - c = x\sqrt{a + b + 2\sqrt{ab}} - 2\sqrt{ab}$

65) $x(x - \sqrt{p + q + 5}) = x\sqrt{p + q - 5} + \sqrt{(p + q)^2 - 25}$.

Theoretisches.

66) Wie hat man die beiden Wurzeln der Gleichung: $x^2 - 2ax + (a^2 - a + b) = 0$ zu schreiben, a) wenn $a > b$ ist, b) wenn $a < b$ ist?

67) Welcher von den rationalen Zahlen a und b abhängige Ausdruck entscheidet darüber, ob die beiden Wurzeln der Gleichung $x^2 + 2ax + 2a - b = 0$ rational oder irrational werden?

68) Bei einer Gleichung mit rationalen Koeffizienten heißt die eine Wurzel a) $5 - \sqrt{3}$, b) $-\frac{1}{2} + \sqrt{2}$, c) $3{,}1 - \sqrt{1{,}2}$, d) $-5 + \sqrt{\frac{6}{7}}$, e) $\frac{1}{4}\sqrt{7} - 1$. Wie heißt die andere Wurzel?

69) Bei einer Gleichung mit rationalen Koeffizienten ist die eine Wurzel rational, und zwar gleich 10. a) Kann man hieraus die zweite Wurzel finden? b) Kann man die zweite Wurzel finden, wenn man weiß, daß die Formel $x_1 = -\frac{a}{2} + \sqrt{\left(\frac{a}{2}\right)^2 - b}$ die erste Wurzel in der Form $-3 + 13$ geliefert hat?

70) Wie lautet die geordnete Form einer Gleichung mit rationalen Koeffizienten, wenn ihre eine Wurzel ist: a) $5-\sqrt{2}$, b) $-1+\sqrt{3}$, c) $\frac{3}{4}-\sqrt{\frac{1}{8}}$, d) $4{,}02+\sqrt{1{,}23}$?

71) Wie lautet die geordnete Form einer Gleichung, wenn ihre Wurzeln sind: a) $x_1 = \sqrt{2}+\sqrt{3}$, $x_2 = \sqrt{2}-\sqrt{3}$, b) $x_1 = -7+\sqrt{15}$, $x_2 = -8+\sqrt{15}$, c) $x_1 = -\frac{1}{4}+\sqrt{2}$, $x_2 = \frac{3}{4}+2\sqrt{2}$?

72) Welche Ungleichung muß zwischen den reellen Zahlen c und d bestehen, damit die Wurzeln der Gleichung a) $x^2+3cx-5cd=0$, b) $3x^2-4cx+c^2-cd+d^2=0$, c) $(x-c)^2+(x-d)^2=(c-d)^2$ reell sind?

73) Diskriminante der Gleichung $x^2+ax+b = 0$ nennt man den Ausdruck $\left(\frac{a}{2}\right)^2-b$. Begründe die Wahl des Wortes Diskriminante.

74) Eine Gleichung hat reelle Koeffizienten, und ihre eine Wurzel ist: a) $3-2i$, b) $\frac{1}{2}+\frac{i}{2}\sqrt{3}$, c) $\sqrt{5}+i\sqrt{13}$, d) $\sqrt{0{,}1}+i\sqrt{2}$. Wie heißt die andere Wurzel?

75) Wie lautet die geordnete Form einer Gleichung mit reellen Koeffizienten, wenn ihre eine Wurzel ist: a) $-1+\frac{1}{2}i$, b) $\frac{3}{4}+i\sqrt{3}$, c) $-2i$, d) $\sqrt{5}-i\sqrt{3}$, e) $\sqrt{2}-\sqrt{-2}$?

76) Beweise, daß die Gleichung $Ax^2+2Bx+C = 0$, wo A, B, C reell sind, zwei verschiedene reelle Wurzeln hat, wenn $B^2 > AC$ ist, zwei gleiche reelle Wurzeln hat, wenn $B^2 = AC$ ist, und zwei konjugiert-komplexe Wurzeln hat, wenn $B^2 < AC$ ist.

77) Entscheide nach Nr. 76), ob die folgenden Gleichungen reelle oder imaginäre Wurzeln haben: a) $5x^2-16x+13=0$, b) $11x^2-10x+2=0$, c) $11x^2-10x-2=0$, d) $47\frac{1}{2}x^2-8x-900=0$, e) $x^2+19x+4=0$, f) $10\frac{3}{7}x^2-5\frac{1}{2}x+1=0$, g) $-7x^2+72x+40=0$.

78) Man weiß von einer Gleichung, daß ihre eine Wurzel reell und ihre andere Wurzel imaginär ist. Was kann man hieraus über die Koeffizienten schließen?

79) Beweise, daß die Gleichung $x^2+(c+id)x+e+if=0$ eine reelle Wurzel besitzt, sobald zwischen den rellen Zahlen c, d, e, f die Relation $cdf = ed^2+f^2$ besteht.

80) Die Gleichung $x^2-15x+b=0$ hat die Zahl $4i$ als Wurzel. Wie groß ist b, und wie heißt die andere Wurzel?

81) Warum können die Wurzeln einer Gleichung mit reellen Koeffizienten nicht imaginär sein, wenn in der geordneten Form das von x freie Glied negativ ist?

Entscheide über die Vorzeichen der Wurzeln bei den folgenden Gleichungen:

82) $x^2 + 9x - 16 = 0$ 83) $7x^2 - 20x - 103 = 0$

84) $-x^2 + 5x + 33 = 0$ 85) $2x^2 - 30x + 3 = 0$

86) $11x^2 + 11x + 2 = 0$ 87) $34x^2 - 53\frac{3}{4}x + 1 = 0$

88) $x^2 + 0{,}125x - 33{,}1 = 0$ 89) $x^2 + x\sqrt{2} + \frac{1}{8}\sqrt{3} = 0$

90) $-x^2 + 2x\sqrt{2 - \sqrt{2}} - \frac{1}{10} = 0$.

91) In den vier Gleichungen $Ax^2 + 2Bx + C = 0$, $Ax^2 - 2Bx + C = 0$, $Ax^2 + 2Bx - C = 0$, $Ax^2 - 2Bx - C = 0$ sind A, B, C als positiv und die Wurzeln als reell zu betrachten. Entscheide über die Vorzeichen derselben.

93) Sind x_1 und x_2 die Wurzeln der Gleichung $x^2 + ax + b = 0$, so ist $x_1 + x_2 = -a$, $x_1 x_2 = b$, also $x_1{}^2 + x_2{}^2 = a^2 - 2b$ und $x_1{}^2 x_2{}^2 = b^2$. Folglich sind die Wurzeln von $x^2 - (a^2 - 2b)x + b^2 = 0$ die Quadrate der Wurzeln von $x^2 + ax + b = 0$. Leite in ähnlicher Weise die geordnete Form derjenigen Gleichung ab, deren beide Wurzeln sind: a) $x_1{}^3$ und $x_2{}^3$, b) $x_1{}^4$ und $x_2{}^4$, c) $\frac{1}{x_1}$ und $\frac{1}{x_2}$, d) $\frac{x_1}{x_2}$ und $\frac{x_2}{x_1}$.

94) Löse die Gleichung $x^2 + xy + y^2 = 0$ sowohl für x wie für y als Unbekannte.

95) Es ist $a^2 + 4ab + 9b^2 = 1$. Drücke sowohl a durch b, wie auch b durch a aus.

96) Was folgt aus $\varrho^2 = h(2r - h)$ für h?

97) Es ist $a^2 + b^2 + c^2 = ab + ac + bc$. Drücke jede der drei Zahlen a, b, c durch die beiden andern aus.

98) Wenn bei einem Dreiecke die Längen der drei Seiten a, b, c Längen-Einheiten betragen und der Winkel α sechzig Grad beträgt, so ist $a^2 = b^2 + c^2 - bc$. Wie findet man b, wenn a und c, und wie c, wenn a und b gegeben sind?

---

99) $(4x)^2 - 2\cdot(4x) = 3$ 100) $25x^2 - 15x + 2 = 0$

101) $\frac{4}{x^2} - \frac{8}{x} = 5$ 102) $\frac{1}{(x+3)^2} = \frac{7}{x+3} + 18$

103) $\frac{1}{x^2+6x+9}+\frac{3}{x+3}=70$ 104) $\frac{x-3}{x+1}+\frac{x+1}{x-3}=5\frac{1}{5}$

105) $(2x-5)^2+3(2x-5)=4$ 106) $(x\sqrt{2}-\sqrt{6})^2=2+\sqrt{2}(x-\sqrt{3})$

107) $(x^2+3x)^2+x(x+3)=12$ 108) $(x+1)(x+2)=x^2(x+3)^2-10$

109) $\frac{(x+2)(x+3)}{x^2+5x+1}=x^2+5x-4\frac{2}{7}$ 110) $\left(x+\frac{1}{x}\right)^2+3x=10-\frac{3}{x}$

111) $\frac{x^2-1}{4x}=\frac{(x+1)^2}{16x^2:(x-1)^2}-\frac{3}{4}$ 112) $\frac{x^2-x+6}{x^2-x+7}=\frac{2x^2-2x-12}{x^2-x+16}$.

---

113) $x^4-9x^2+20=0$ 114) $x^2(x^2-58)=-(21)^2$

115) $(x^2-3)^2+(2x^2+1)^2=82$ 116) $(x^2+13)(x^2+1)=85$

117) $(x^2+3)^2+(x^2+4)^2=(x^2+5)^2$ 118) $(x+1)^4+(x-1)^4=82$

119) $(x^2+12)^2-49x^2=0$ 120) $x^4=20(x^2-5)+(3x)^2$

121) $\frac{10}{x^2}=(x+i\sqrt{3})(x-i\sqrt{3})$ 122) $\frac{3x^2-17}{x^2+5}=(x+2\sqrt{5})(x-2\sqrt{5})$

123) $\frac{x^2+1}{x^2-1}+\frac{x^2-1}{x^2+1}=4$ 124) $x^4-p^2x^2+q^4=0$

125) $x^4-2(p^2+4p-1)x^2+(p-1)^4=0$; 126) $(x-a)^4+(x+a)^4=b$.

---

127) $4x^4-25x^3+42x^2-25x+4=0$

128) $x^4-5\frac{5}{6}x^3+10\frac{1}{3}x^2-5\frac{5}{6}x+1=0$

129) $x^4+7x^3-16x^2+7x+1=0$ 130) $(x^2+1)^2+5x(x^2+1)=\frac{75}{4}x^2$

131) $3x^4+11x^3-6x^2-11x+3=0$

132) $x^4+x^3+x^2+x+1=0$ 133) $x^4-x^3+x^2-x+1=0$

134) $x^4-1\frac{1}{2}x^3+x^2-1\frac{1}{2}x+1=0$

135) $x^4-3x^2+1=\frac{x}{2}(x^2+1)$ 136) $(x^2+1)^2=\frac{25x^2}{6}\left(x-\frac{1}{x}\right)$

137) $x^4-\frac{5+3\sqrt{2}}{2}x^3+\left(\frac{5\sqrt{2}}{2}+\frac{5}{2\sqrt{2}}\right)x^2-\frac{5+3\sqrt{2}}{2}x+1=0$.

---

138) $5x+3\sqrt{x}=26$ 139) $x=8\sqrt{x}-15$

140) $\frac{30}{\sqrt{x}}=\sqrt{x}-29$ 141) $\sqrt{x-7}=x-19$

142) $x+\sqrt{x+5}=2x-1$ 143) $x=\sqrt{3x+16}-2$

144) $x-\sqrt{3-1\frac{5}{6}x}=2$ 145) $\sqrt{2x-2}+\sqrt{x+16}=9$

146) $\sqrt{2x-2}+\sqrt{34-x}=9$ 147) $\sqrt{4x+13}-\sqrt{7x-5}=1$

148) $\sqrt{9x+5}-\sqrt{6x}=\sqrt{2}$ 149) $\sqrt{3x-2}=\sqrt{12x+13}-6$

150) $\sqrt{x+a}+\sqrt{2x+b}=\sqrt{c}$ 151) $\sqrt{10-x}+\sqrt{x-5}=\sqrt{x}$

152) $\sqrt{2x+13} - \sqrt{15-x} = \sqrt{3x-14}$

153) $\sqrt{\frac{3}{2}x-8} + \sqrt{5x+9} = \sqrt{10x+1}$

154) $\sqrt{ax+1} + \sqrt{bx+1} = \sqrt{cx+1}$

155) $\sqrt{2x-5+\sqrt{x-9}} = 4$ 156) $\sqrt{1\frac{1}{4}x-3-\sqrt{x+1}} = \sqrt{2}\sqrt{x}$

157) $\frac{\sqrt{1+x}+\sqrt{1-x}}{\sqrt{1+x}-\sqrt{1-x}} = \frac{1}{x}$ 158) $\sqrt{\frac{3-x}{3+x}}+\sqrt{\frac{3+x}{3-x}} = \sqrt{5}$

159) $\frac{(9-x)\sqrt{9-x}+(x-8)\sqrt{x-8}}{\sqrt{9-x}+\sqrt{x-8}}$

160) $\frac{\sqrt{x-a}+\sqrt{b-x}}{\sqrt{x-a}-\sqrt{b-x}} = \sqrt{\frac{a-x}{x-b}}$

161) $\sqrt{5x+11+\sqrt{x^2+25x+50}} = 9$

162) $\sqrt{11x+5-\sqrt{20x^2+20x+9}} = 3.$

---

163) $(3-x)(x^2-5x)=14(3-x)$ 164) $(3-x)(x-19)x=90(x-3)$

165) $(2x+5)(x-1)(x-2) = (x+\frac{5}{2})(x^2+19x+12)$

166) $(x^2-1)(x^2+x+1)(x-5)=0$ 167) $\left(x+\frac{1}{x}\right)(4x^2-3x)=\frac{10(x^2+1)}{x}$

168) $(x-\sqrt{a})(\sqrt{x+7}+\sqrt{3x-2}) = x\sqrt{9x} - \sqrt{a}\sqrt{9x}.$

Es ist + 1 oder − 1 Wurzel, also x − 1 oder x + 1 Faktor.

169) $x^3+x^2+x+1=0$ 170) $x^3-6x^2-45x+50=0$

171) $x^3 = 21x - 20$ 172) $3x^3+4x^2-6x=7$

173) $3x^3-8x^2+x+2(x+1)=0$ 174) $(x-5)x^2+9(x-1)=-4x$

175) $x^3 = \frac{x^2+122x}{3} - 40$ 176) $\frac{4x^3+57x}{x-\sqrt{62}} = x+\sqrt{62}.$

Es sind + 1 und − 1 Wurzeln, also ist $x^2 - 1$ Faktor.

177) $7x^4 - 5x^3 - 157x^2 + 5(x+30) = 0$

178) $\frac{5x^4-5x^2}{39+2x} = x^2-1$ 179) $\frac{x^2}{x+\frac{1}{x}} - \frac{1}{x+\frac{1}{x}} = x^2-1$

180) $x^4 - 1 = \frac{a^2+b^2}{ab}x^3 - \frac{a^2+b^2}{ab}x.$

Die Aussonderung der Faktoren x − 1 oder x + 1 oder $x^2 - 1$ führt auf symmetrische Gleichungen.

181) $2x^5 - 3x^4 - x^3 - x^2 - 3x + 2 = 0$

182) $2x^5 - 11x^4 + 23x^3 - 23x^2 + 11x - 2 = 0$

183) $12x^5 + 8x^4 - 45x^3 - 45x^2 + 8x + 12 = 0$

184) $2x^6 - 3x^5 - 6x^4 + 6x^3 + 6x^2 - 3x - 2 = 0$

185) $x^5 + qx^4 + rx^3 = rx^2 + qx + 1$

186) $x^5 = 1$ 187) $x^5 = -1$

188) $x^{10} - 1 [= (x^5 + 1)(x^5 - 1)] = 0$

189) $x^8 - 1 [= (x^4 + 1)(x^4 - 1)] = 0$.

190) Die 12 Zahlen, welche in die zwölfte Potenz erhoben, die Zahl 1 geben, sollen durch Zerlegung von $x^{12} - 1$ in $(x^6-1)(x^6+1)=(x^2-1)(x^4+x^2+1)(x^2+1)(x^4-x^2+1)$ bestimmt werden.

191) Bestimme die Wurzeln von: a) $x^3 = 1$, b) $x^4 = 1$, c) $x^5=1$, d) $x^6=1$, e) $x^8=1$, f) $x^{10}=1$, g) $x^{12}=1$.

---

198) Bestimme α und β so, daß $(x-\alpha)(x-\beta)=x^2-14x-1$ wird.

199) Zerlege in zwei lineare Faktoren: a) $x^2-20x+98$, b) $x^2+16x-8$, c) $3x^2-5x\sqrt{2}-16$, d) $a^2+2ab-8b^2$, e) $3a^2-5ab+2b^2$, f) $10p^2+7pq-33q^2$.

200) Welches ist die Bedingung dafür, daß x^2+ax+b in der Form $(x-\alpha)(x-\beta)$ dargestellt werden kann, a) wo α und β rational, b) wo α und β reell sind?

201) Zerlege in zwei lineare Faktoren: a) x^2+25, b) x^2+a^2, c) $x^2+8x+17$, d) $3x^2+6x+10$.

Buchstaben-Gleichungen.

202) $(x+a)^2+(x+2a)^2=13a^2$ 203) $2(x-a)(x-2b)=x^2-a^2-4b^2$

204) $9x(x-1)=8x(b-1)+2+(b+1)(b-2)$

205) $x^4-2x^2(a^2+b^2)+a^4+b^4=2a^2b^2$

206) $x^2(x+2a)^2+(x+a)^2=a^2(9a^2+4)$

207) $\sqrt{x-3p+13q}+\sqrt{x+10q}=\sqrt{x+5(p+q)}$

208) $\sqrt{x+1}\,\sqrt{x-1}=\sqrt{p+1}\,\sqrt{p-1}+p-x$

209) $\dfrac{\sqrt{x+2a}\,\sqrt{x+3a}+\sqrt{2a-x}\,\sqrt{x-3a}}{\sqrt{x+2a}\,\sqrt{x+3a}-\sqrt{2a-x}\,\sqrt{x-3a}}=\sqrt{\dfrac{2}{3}}$

210) $(x^2-5a^2)^2-(4a^2)^2+4bx^2(a-b)=36a^2b(a-b)$

211) $x^4+\dfrac{x^2}{ab}(a^2+2ab+b^2+a^2b^2+1)+1=\left(a+\dfrac{1}{a}+b+\dfrac{1}{b}\right)x(x^2+1)$.

Mehrstellige Dezimalbrüche.

212) $x^2+0{,}1234\cdot x-5{,}678=0$ 213) $x^2-3{,}1892+42{,}3812\cdot x=0$

214) $\sqrt{x-0{,}12378}=0{,}98734\cdot x$

215) $3{,}47003x^2+2{,}0038x=56{,}1237$.

§ 32.

Eingekleidete quadratische Gleichungen mit einer Unbekannten.

Zahl-Eigenschaften.

1) Dividiert man mit einer gesuchten irrationalen Zahl in 320, so kommt die gesuchte Zahl selbst heraus.
2) Multipliziert man eine gesuchte Zahl mit ihrem Sechsfachen, so ergiebt sich die negative Zahl -864.
3) Die Zahl 4 in zwei Faktoren zu zerlegen, deren Summe: a) 4, b) 1, c) 0,1, d) $1+\sqrt{2}$, e) $-3+2i$ beträgt.
4) Die Zahl 3 in zwei Summanden zu zerlegen, deren Produkt: a) $2\frac{1}{2}$, b) $-2\frac{1}{2}$, c) $-3{,}142$ ist.
5) Welche Zahl ist um $1\frac{29}{36}$ größer, als ihr reciproker Wert?
6) Den Bruch $\frac{1}{2002}$ in zwei Faktoren zu zerlegen, deren Summe um $\frac{8}{143}$ größer ist als $\frac{1}{2002}$.
7) Welche irrationale Zahl ist um 1 kleiner, als ihr Quadrat?
8) Eine Zahl a so in zwei Summanden zu zerlegen, daß der größere Summand mittlere Proportionale zwischen a und dem kleineren Summanden wird. (Stetige Teilung, goldener Schnitt.)
9) Vermehrt man das Quadrat einer gesuchten Zahl um das Quadrat der um 1 größeren Zahl, so erhält man: a) 25, b) 2, c) -2, d) $\frac{1}{2}$, e) $\frac{5}{8}$, f) $-1{,}5$.
10) Welche Zahl übertrifft ihre Quadratwurzel: a) um $3\frac{3}{4}$, b) um 1, c) um 2,18, d) um a^2+3a+2?
11) Welche Zahl muß man bei der falschen Proportion $36:10=15:14$ zu den drei ersten Gliedern addieren und von dem vierten Gliede subtrahieren, damit eine richtige Proportion entsteht?
12) Bei einer in einer Aufgaben-Sammlung enthaltenen Gleichung zweiten Grades waren durch Schuld des Korrektors zwei Lücken gelassen, sodaß dieselbe hieß: „$x^2+8x=$;

Resultat: $x_1 = 11$, $x_2 =$ Wie lautete das Manuskript des Autors?

13) Beweise durch Auflösung der Gleichung $x - x^2 = a$, daß ein echter Bruch sein Quadrat höchstens um $\frac{1}{4}$ übertreffen kann.

Geometrisches.

14) Ein Schüler hatte eine gewisse Anzahl gerader Linien gezogen und den Schnittpunkt je zweier dieser Linien aufgesucht. Wieviel gerade Linien hatte er gezogen, wenn er a) 136, b) p Schnittpunkte zählte. c) Was läßt sich annehmen, wenn er 188 Schnittpunkte zählte?

15) Wieviel Ecken hat ein Polygon, in welchem sich: a) 90, b) 4850, c) d Diagonalen ziehen lassen?

16) Warum muß $8 + 9a$ eine ungerade Quadratzahl sein, wenn sich in einem Polygon a Diagonalen ziehen lassen?

17) Wie groß ist die Seite eines gleichseitigen Dreiecks, dessen Inhalt: a) 1 *qm*, b) $\sqrt{3}$ *qm*, c) f *qm* beträgt?

18) Wie groß ist der Inhalt eines Quadrats, bei welchem die Diagonale a *cm* länger ist als die Seite?

19) Die Hypotenuse eines rechtwinkligen Dreiecks ist 10*m* lang, und die eine Kathete ist gleich dem ihr nicht anliegendeu Höhen-Abschnitt auf der Hypotenuse. Wie lang ist diese Kathete?

20) Eine Sehne ist nur um 2 *cm* kürzer als der Durchmesser eines Kreises; dennoch ist ihr Zentralabstand $\frac{5}{13}$ des Radius. Wie groß ist der Durchmesser?

21) Wie weit ist ein Punkt auf der Verlängerung einer Strecke, die 13 *cm* lang ist, von deren Halbierungspunkte entfernt, wenn die mittlere Proportionale zwischen den Abständen des Punktes von den Endpunkten der Strecke 14 *cm* beträgt?

22) Der Inhalt eines Dreiecks, dessen eine Höhe um 5 *cm* länger ist als die zu ihr senkrechte Seite, beträgt 42 *qcm*. Wie verhält sich die erwähnte Höhe zu der erwähnten Seite?

23) Ein Einrahmer soll den Rahmen eines Bildes überall gleich breit machen und es einrichten, daß derselbe etwa $\frac{1}{10}$ des eingerahmten Bildes beträgt. Welche Breite hat er dem Rahmen zu geben. da das ihm eingehändigte Bild 48 *cm* breit und 32 *cm* hoch ist? (Die resultierende Irrationalzahl ist so abzurunden, daß der Fehler kleiner als 1 *mm* wird.)

23_1) Eine Kaserne von 70 *m* Länge und 21 *m* Tiefe ist allerseits von einem Gitter umgeben, das auf allen vier Seiten gleichen Abstand von der Kaserne hat. Der Raum zwischen Gitter und Kaserne ist gerade so groß, wie der Flächenraum der Kaserne. Wie groß ist jener Abstand?

24) Welche Kantenlänge hat ein Würfel, dessen Volumen um 271 *ccm* zunimmt, wenn die Kantenlänge um 1 *cm* zunimmt?

25) Wenn man die 682 Millionen Briefe, welche die deutsche Reichspost im Jahre 1881 befördert hat, derartig einzeln zusammenlegte, daß dieselben die Fläche eines Rechtecks vollständig bedeckten, und daß in jeder Längsreihe, sowie in jeder Querreihe gleichviel Briefe lägen, so würde man bei einer Geschwindigkeit von $1\frac{1}{3}$ Meter pro Sekunde $3\frac{1}{2}$ Stunde brauchen, um das Rechteck einmal zu umschreiten, vorausgesetzt, daß als durchschnittliche Länge uud Breite 20 *cm* bez. 10 *cm* angenommen wird, und daß die Längs-Richtungen der Briefe den längeren Seiten des Rechtecks parallel laufen. Wieviel Briefe liegen in jeder Rechtecksseite?

Verschiedenartige Einkleidungen.

26) Jemand giebt 6000 ℳ auf Zinsen, fügt nach einem Jahre 200 ℳ hinzu und sieht sich dadurch nach zwei Jahren im Besitze von 6825 ℳ. Wieviel Prozent wurden berechnet?

27) An einem Ausfluge eines Vereins nahmen Herren und Damen teil, und zwar zwei Herren mehr als Damen. Die Gesamtkosten, welche sich auf 400 ℳ beliefen, wurden so verteilt, daß immer ein Herr 4 ℳ mehr als eine Dame zahlte. So kam es, daß die Herren zusammen 240 ℳ, die Damen 160 ℳ zu zahlen hatten. Wieviel Personen nahmen an dem Ausflug teil? (Entweder? oder?)

28) Mehrere Studenten mieteten eine Kegelbahn für 2 ℳ. Wären ihrer zwei mehr gewesen, so hätte jeder, da die Bahnmiete sich dadurch nicht geändert hätte, 10 Pfennig weniger zu bezahlen gehabt, und es wären doch noch 10 Pfennig Trinkgeld für den Kegelaufsetzer übrig geblieben. Wieviel Studenten mieteten die Kegelbahn?

29) Eine Fabrik hat zwei Dampfmaschinen. Ist die erste allein in Betrieb, so reicht immer der im Kohlenraum befindliche Kohlenvorrat 10 Tage länger, als wenn beide Maschinen

zusammen arbeiten. Ist die zweite allein in Betrieb, so reicht jener Vorrat sogar 40 Tage länger, als wenn beide arbeiten. a) Wieviel Tage reicht der Vorrat, wenn beide Maschinen thätig sind? b) Wie lautet die Antwort auf diese Frage, wenn p statt 10, q statt 40 gesetzt wird? (Reinquadratische Gleichung.)

30) Durch die Telephonleitungen, welche die Stadt Hannover am Ende des Jahres 1882 besaß, waren höchstens 3160 Gesprächs-Verbindungen möglich. Wieviel Einwohner von Hannover besaßen um die angegebene Zeit Telephon-Anschluß?

31) Aus einem gefüllten Faß mit 120 *l* Wein wurde zweimal Wein abgezapft und jedesmal durch Wasser ersetzt. Das zweite Mal wurden 20 *l* mehr als das erste Mal abgelassen, sodaß schließlich nur $52\frac{1}{2}$ *l* reinen Weins in dem Fasse waren. Wieviel *l* wurden das erste Mal abgezapft?

32) Zu den Kosten einer Turnfahrt steuerten die drei oberen Klassen eines Gymnasiums derartig bei, daß zwar alle Schüler einer und derselben Klasse gleichviel beitrugen, daß aber ein Primaner so viel gab, wie ein Sekundaner und ein Tertianer zusammen gaben. In Prima waren 10 Schüler weniger als in Sekunda und 15 Schüler weniger als in Tertia. So kam es, daß der ganze Beitrag der Prima 40 *M*, der der Sekunda 36 *M* und der der Tertia 28 *M* betrug. Wieviel Schüler waren in jeder Klasse?

32_1) Im Jahre 1880 legten die Personen, welche die Eisenbahneu Deutschlands befuhren, zusammen $6419\frac{1}{5}$ Millionen *km* zurück. Wenn noch 1000 *km* hinzugebaut werden und das Reisebedürfnis sich so steigert, daß das *km* im Jahre durchschnittlich von 1200 Personen mehr befahren wird als 1880, so steigt die Zahl der jährlichen Personen-Kilometer von $6419\frac{1}{5}$ Millionen auf 6650 Millionen. Welche Länge hatten die Eisenbahnen Deutschlands 1880? (Betrachte als Einheiten 1000 *km* und 1000 Personen.)

Physikalisches.

33) Um das wahre Gewicht eines Körpers auf einer Wagschale zu bestimmen, deren Hebelarme verschieden lang waren, führte jemand eine Doppelwägung aus. Er mußte, um

dem in die rechte Wagschale gelegten Körper das Gleichgewicht zu halten, 10 *gr* in die linke Wagschale legen. Brachte er aber den Körper in die linke Wagschale, so erhielt er nur dann Gleichgewicht, wenn er in die rechte Wagschale 9,801 *gr* legte. Wieviel *mg* wog der Körper? (Rein-quadratische Gleichung.)

34) Ein mit einer Anfangsgeschwindigkeit von c *m* pro Sekunde vertikal in die Höhe geworfener Körper befindet sich nach t Sekunden in einer Höhe von $(ct - \frac{1}{2}gt^2)$ Meter, wo g den Geschwindigkeitszuwachs pro Sekunde beim freien Fall bedeutet, und etwa gleich 9,8 *m* zu setzen ist. a) Nach wieviel Sekunden befindet sich hienach ein Stein, der mit einer Anfangsgeschwindigkeit von 6,9 *m* in die Höhe geschleudert wurde, 2 *m* hoch? b) Drücke t durch c, g und die Höhe h in Buchstaben aus. c) Entnimm dem in b) erhaltenen Resultate, wie groß c mindestens sein muß, damit die Höhe von h *m* erreicht wird?

35) Berechne, in welcher Höhe ein Meteor explodierte, unter der Annahme, daß seine Trümmer im Momente der Explosion anfangen, ohne Anfangsgeschwindigkeit vertikal nach unten zu fallen, daß vom Luftwiderstande u. s. w. abgesehen werden darf, und daß man die Trümmer a Sekunden, nachdem man den Knall gehört hat, zur Erde fallen sieht. (Fallhöhe in t Sekunden gleich $\frac{g}{2}t^2$ Meter, wo $g = 9{,}8$, Schallgeschwindigkeit $c = 336$ *m*. Zahlenbeispiel, bei welchem x rational wird: $a = 7\frac{1}{15}$. Diskussion für den Fall, daß a null oder negativ ist.)

36) Nach Regnaults Untersuchungen nimmt eine Quantität Quecksilber, die bei 0° 1 *cbm* Raum einnahm, bei t^0 den Raum von $(1 + 0{,}00017902 \cdot t + 0{,}00000002526 \cdot t^2)$ *cbm* ein. Bei wieviel Grad beträgt das Volumen dieser Quantität Quecksilber 1,001792726 *cbm*?

37) Ein mathematisches, 1 Meter langes Pendel braucht zu einer kleinen Schwingung $\pi\sqrt{l : g}$ oder nahezu $\sqrt{l}$ Sekunden. Berechne hiernach, wie lang ein Pendel war, dessen Schwingungszeit um $\frac{3}{10}$ Sekunde wuchs, als es um 14 *cm* länger als doppelt so lang gemacht wurde?

Bewegungs-Aufgaben.

38) Ein Hund fängt an, einen Hasen zu verfolgen, der ihm 10 *m* vorauf ist. Indem der Hund zu je 10 *m* eine halbe Sekunde weniger Zeit braucht als der Hase, holt er ihn in 10 Sekunden ein. Wieviel *m* hat der Hund laufen müssen?

39) Zwei Spaziergänger trennen sich bei einem Wegweiser. Der eine geht nordwärts, der andere ostwärts. Nach 8 Minuten sind sie 900 *m* voneinander entfernt. Wie schnell geht jeder von beiden, wenn angenommen wird, daß der eine 4 *m* in derselben Zeit ging, in welcher der andere nur 3 *m* ging?

40) Aus Rom und Aricia gingen zwei Freunde einander entgegen. Sie brachen beide um 9 Uhr morgens auf und trafen sich um etwa 11 Uhr 40 Minuten an einem Punkte der via Appia, der näher nach Rom zu lag, da der verweichlichte Römer zu einer (römischen) Meile 4 Minuten länger brauchte als sein rüstiger Freund. Wo lag der Ort der Begegnung, da die Strecke von Rom nach Aricia auf der via Appia 16000 passus betrug?

41) Die Ausgrabungen zu Olympia haben ergeben, daß das olympische Stadion (Rennbahn) 7 *m* länger ist als das attische Stadion. Dadurch ist die Angabe des Pythagoras bestätigt, welcher bei der Berechnung der Statue des Herkules behauptet, daß das olympische Stadion zwar auch, wie das attische, 600 Fuß betrage, aber dennoch, weil es Herkules mit seinen Füßen ausgemessen habe, größer sei als das attische Stadion, das von gewöhnlichen Menschen durch Ausschreiten bestimmt sei. Wie groß ist das attische Stadion, wenn angenommen wird, daß Herkules, um das olympische Stadion in 1 Minute durcheilen zu können, immer auf $84\frac{4}{7}$ Meter 1 Sekunde weniger als bei einem attischen Stadion zu verwenden hatte?

§ 33.

Quadratische Gleichungen mit mehreren Unbekannten in arithmetischer Sprache.

1) $\begin{cases} x + y = 9 \\ xy = 20 \end{cases}$

2) $\begin{cases} xy + 3x = 4 \\ 4x + 7y = 11 \end{cases}$

3) $\begin{cases} x + y = -11 \\ x^2 + y^2 = 65 \end{cases}$
4) $\begin{cases} 2(x+y)(2x-y) = 10 \\ x + y = 5 \end{cases}$

5) $\begin{cases} 3x = 1 + 2y \\ x^2 - 3xy + 27 = 0 \end{cases}$
6) $\begin{cases} 4x^2 + 6y^2 = 4x - y \\ 3y - x = \frac{1}{2} \end{cases}$

7) $\begin{cases} x = 1 + 4y \\ \frac{x+y}{2x-4y} = \frac{2x-4y}{x+y} \end{cases}$
8) $\begin{cases} 3x + y = 6x \\ \frac{4x-y}{2} + \frac{20}{x+3y} = x \end{cases}$

9) $\begin{cases} 4y^2 - 5x^2 = xy \\ y : x = 5 : 4 \end{cases}$
10) $\begin{cases} x^2 - y^2 + xy = 1 \\ (x+y):(x-y) = 3 : -1 \end{cases}$

11) $\begin{cases} 2x^2 + y^2 - xy = 1 \\ x : y = \sqrt{2} : \sqrt{3} \end{cases}$
12) $\begin{cases} x^2 - y^2 + y - x = 2b(2a-1) \\ x + y - 2a = 0 \end{cases}$

13) $2x - y + 3x^2 - 2y^2 + xy = 2x + y = 3$

14) $(4x + y - 3)^2 = x + 4y = x + y + 6$

15) $\begin{cases} \frac{x}{2} + \frac{y}{3} = 2 \\ (x + y)^2 + 3x = 31 \end{cases}$
16) $\begin{cases} \frac{4x+1}{5} - \frac{3y+6}{9} = \frac{x-y}{15} \\ \frac{x}{y} + \frac{y}{x} = 2 \end{cases}$

17) $\begin{cases} \frac{3x+4y}{7} + \frac{x-y+14}{14} = \frac{8+y+7x}{8} \\ \frac{2x-y+5}{3x+4y-1} - \frac{14x+y-15}{y+2} = 1. \end{cases}$

---

18) $\begin{cases} x^2 + 2x - y = 1 \\ 2y - x - x^2 = 2 \end{cases}$
19) $\begin{cases} 2(x^2 - y^2) - 4x - 3y = 3 \\ x^2 - y^2 + 1 - x = 4y \end{cases}$

20) $\begin{cases} xy - x = 4 \\ xy - y = 3 \end{cases}$
21) $\begin{cases} x(y + 5) = 16 \\ y(x - 1) = 3 \end{cases}$

22) $\begin{cases} (x + 1)(y + 2) = 42 \\ (x - 1)(y - 2) = 10 \end{cases}$
23) $\begin{cases} (x + 4)(y + 5) = 2 \\ (x + 7)(y + 8) = 2 \end{cases}$

24) $\begin{cases} 3xy + 2x^2 - 5x + 5y = 5 \\ 10(10y + 5x) - 11x(3y + 2x) + 95 = 0 \end{cases}$

25) $\begin{cases} 3x^2 + 4y^2 = \sqrt{2} + 10y + x \\ \frac{3}{4}x^2 + y^2 - (y - x) = \sqrt{2} + \frac{3}{2}y \end{cases}$
26) $\begin{cases} x^2 + y^2 - 4x = \frac{17}{4} - 2xy \\ 2(x + y)^2 - 2y = \frac{17}{2} \end{cases}$

27) $\begin{cases} x^2 + 4xy + 4y^2 = x + 7y + 1 \\ (x + 2y) : (4x - y) = 3 : (x + 2y) \end{cases}$

28) $\begin{cases} 4x^2 + 12y^2 + 10xy = 36 - 16x \\ 6x^2 + 18y^2 + 15xy = 3x + 27y. \end{cases}$

---

29) $\begin{cases} (x - y)^2 + x - y = 2 \\ 4x^2 - 7y^2 = 1 \end{cases}$
30) $\begin{cases} 3x + 6y - (x + 2y)^2 = -70 \\ xy + x + y = 19 \end{cases}$

31) $\begin{cases}(x+y-1)(x+y-2)=30\\(x+4y-15)^2=x-y\end{cases}$ 32) $\begin{cases}\frac{4}{x}+\frac{3}{y}=2\\\frac{1}{x+2y-9}=11-x-2y\end{cases}$

33) $\begin{cases}\frac{x^2}{y^2}+\frac{x}{y}=56\\x^2+10y^2=8x+3\end{cases}$ 34) $\begin{cases}x=3y+2x^2-5xy-12\\\frac{4x^2-xy}{y^2}=\frac{10x}{y}+3\end{cases}$

35) $\begin{cases}4\cdot\frac{x}{y}+2\cdot\frac{y}{x}=9\\x^2+y^2-x-y=22\end{cases}$ 36) $\begin{cases}\frac{3x}{y}-\frac{2y}{x}=1\\x^2-y^2=1+xy\end{cases}$

37) $\begin{cases}2x^2-3xy-2y^2=0\\x^2+7x=30y+(x-2y)^2\end{cases}$ 38) $\begin{cases}4x^2+5xy=9y^2\\(3x-2y)^2+(4x-3y)^2=x+y\end{cases}$

39) $\begin{cases}\frac{x+1}{y+1}+\frac{x+2}{y+2}=7\\x^2+7y^2=8xy\end{cases}$ 40) $\begin{cases}\frac{x^2+4xy-9y^2}{2x^2+3y^2+6xy}=12\\(x+y+4)(x-2y+1)=16.\end{cases}$

---

41) $\begin{cases}x^2+y^2=25\\xy=12\end{cases}$ 42) $\begin{cases}x^2-y^2=16\\xy=15\end{cases}$ 43) $\begin{cases}x^2+xy=84\\y^2+xy=112\end{cases}$

44) $\begin{cases}x^2+xy+y^2=37\\(x-y)^2+2(y-x)=3\end{cases}$ 45) $\begin{cases}x^2+y^2+x+y=58\\2x^2+2y^2+3x+3y=121\end{cases}$

46) $\begin{cases}x+y+xy=3\\x+\frac{y^2}{x}=1+\frac{y}{x}\end{cases}$ 47) $\begin{cases}x+xy+y=19\\x^2+x^2y^2+y^2=169\end{cases}$

48) $\begin{cases}(x+y)^2+x+y=2xy+8\\(x^2+y^2)^2+3(x^2+y^2)(x+y)=21(x+y)+7\end{cases}$

49) $\begin{cases}x+y+xy+x^2+y^2=24\\2x(1+x)+2y(1+y)+3xy=54\end{cases}$

50) $\begin{cases}x^4+y^4+2x^2y^2-xy=97\\7x^2-4xy+7y^2=58\end{cases}$ 51) $\begin{cases}x^4+y^4=82\\\frac{x}{y}+\frac{y}{x}=\frac{1}{xy}+3\end{cases}$

52) $\begin{cases}x^3+y^3=72\\x+y=6\end{cases}$ 53) $\begin{cases}x^3-y^3=56\\x-y=2\end{cases}$ 54) $\begin{cases}x^4+y^4=17\\x+y=3\end{cases}$

55) $\begin{cases}x^4+y^4=97\\x-y=1\end{cases}$ 56) $\begin{cases}x^5+y^5=275\\x+y=5\end{cases}$ 57) $\begin{cases}x^5-y^5=211\\x-y=1\end{cases}$

58) $\begin{cases}x+y=5\\(x^3+y^3)(x^2+y^2)=1105\end{cases}$ 59) $\begin{cases}x^5+y^5=4(x^3+y^3)\\x+y=4\end{cases}$

60) $\begin{cases}x^4+y^4+x^2y^2=133\\x^2+y^2+xy=19\end{cases}$ 61) $\begin{cases}x^5+x^3y^2+x^2y^3+y^5=1105\\x+y=5.\end{cases}$

---

62) $\begin{cases}(x-2y)(x+y)=4-6y\\(3x-4y)(x-2y)=0\end{cases}$ 63) $\begin{cases}(x+y)(3x+y)=x^2-y^2\\3x^2+y^2=64\end{cases}$

64) $\begin{cases}4y^2-x^2-3(2y+x)=0\\x^2+x+y=4\end{cases}$ 65) $\begin{cases}x^2+2xy+y^2=(x+y)(3x-1)\\(x+2)(y+3)=12\end{cases}$

66) $\begin{cases}x^3-y^3=13(x-y)\\x^2+y^2=10\end{cases}$ 67) $\begin{cases}x^4=y^4+3(x^2+y^2)\\xy=2\end{cases}$

68) $\begin{cases}4(x+2y-3)=(x+2y)^2-9\\(x-y+8)^2+(x+y+2)^2=90\end{cases}$

69) $\begin{cases}x^4+x^2y^2+y^4=31(x^2+xy+y^2)\\x-y=5.\end{cases}$

70) $\begin{cases}(2x-3y)(2x-y)=-12\\(2x-3y)(y-3x)=30\end{cases}$ 71) $\begin{cases}3x^2-7xy+4y^2=-1\\2x^2+xy-3y^2=22\end{cases}$

72) $\begin{cases}4x^2-5xy-6y^2=3\\8x^2+2xy=1+3y^2\end{cases}$ 73) $\begin{cases}x^2+2xy-3y^2=-7\\2x^2+3xy=9y^2-16\end{cases}$

74) $\begin{cases}xy(x+y)+xy+x^2=-8\\(x+y)(y+1)=96\end{cases}$ 75) $\begin{cases}(x+y-7)(3x+y)=16\\(x+y)^2-49=15\end{cases}$

76) $\begin{cases}(2x+3y-4)(x+y+1)=3\\4x^2+12xy+9y^2=25\end{cases}$

77) $\begin{cases}x^5+y^5=1025\\x^4+y^4=xy(x^2+y^2)-x^2y^2+205.\end{cases}$

$77_1)$ $\begin{cases}x^2+xy+y^2=13\\x^2-xy+y^2=21\end{cases}$ $77_2)$ $\begin{cases}x(x+3y)=59-y^2\\10\left(1+\frac{y}{x}\right)\left(\frac{x}{y}-1\right)=-21\end{cases}$

$77_3)$ $\begin{cases}5x^3+x^2y+5xy^2+3y^3=3\\3x^3+x^2y+4xy^2+2y^3=2\end{cases}$ $77_4)$ $\begin{cases}x^3-y^3=91\\xy(x-y)=30\end{cases}$

Die Auffindung der Methode ist dem Schüler überlassen.

78) $\begin{cases}3x^2+4y^2=7\\9x^2-y^2=8\end{cases}$ 79) $\begin{cases}xy=15\\3x+5y=34\end{cases}$ 80) $\begin{cases}xy=32\\x:y=2\end{cases}$

81) $\begin{cases}3x+7y=xy+15\\0{,}4x+0{,}5y=xy-0{,}6\end{cases}$ 82) $\begin{cases}x:y=3:5\\x^2+y^2=136\end{cases}$

83) $\begin{cases}x^2+y^2=7xy-5\\2x^2+2y^2=xy+3\end{cases}$ 84) $\begin{cases}\frac{1}{x}-\frac{1}{y}=\frac{1}{6}\\\frac{1}{x^2}+\frac{1}{y^2}=\frac{5}{36}\end{cases}$

85) $\begin{cases}\frac{1}{x}+\frac{1}{y}=0{,}7\\x^2+y^2=29\end{cases}$ 86) $\begin{cases}x+y^2=17x\\x^2+y=5y:4\end{cases}$ 87) $\begin{cases}x=\frac{3y-5}{y+3}\\y=\frac{5x-1}{2x-1}\end{cases}$

88) $\begin{cases}(x-16)^2-(y-8)=604\\ x-y=28\end{cases}$

89) $\begin{cases}\frac{1}{x-5}+\frac{1}{y-4}=\frac{1}{5}\\ \frac{9}{20}=xy-5y-4x+20\end{cases}$

90) $\begin{cases}[(x+4)^2-(y+5)^2](x-y-1)=288\\ x-y=2\end{cases}$

91) $\begin{cases}\frac{x}{y}-\frac{y}{x}=-\frac{x+y}{12}\\ xy=24\end{cases}$

92) $\begin{cases}\frac{x+y}{x-y}+\frac{x(x+2y)+y^2}{y(y-2x)+x^2}=7\\ \frac{x}{y}-\frac{2y}{x}=1\end{cases}$

93) $\begin{cases}\frac{x+2}{y-2}+\frac{y+2}{x-2}=\frac{11}{2}\\ \frac{x+2}{y+2}+\frac{y-2}{x-2}=\frac{11}{6}\end{cases}$

94) $\begin{cases}2x^2+2y^2=56+2xy\\ x^3+y^3=224\end{cases}$

95) $\begin{cases}x^4+x^2y^2+y^4=21\\ \frac{x}{y}+\frac{y}{x}=2{,}5\end{cases}$

96) $\begin{cases}x^2-y^2=7(x-y)\\ xy(x^2+y^2)=300\end{cases}$

97) $\begin{cases}x^2+x+1=\frac{13}{21}(y^2+y+1)\\ x^2+y+1=\frac{7}{10}(y^2+x+1)\end{cases}$

98) $\begin{cases}x^2+y^2+xy(x+y)=56\\ xy+x+y=11\end{cases}$

99) $\begin{cases}x^3+y^3=7(x+y)\\ 4x^2+4y^2=9(x-y)+22\end{cases}$

100) $\begin{cases}\left(\frac{x}{3}+\frac{y}{4}\right)^2+4x+3y=28\\ x^2+2xy+3y^2=81\end{cases}$

101) $\begin{cases}5x^2=21x-4y\\ 5y^2=21y-4x\end{cases}$

102) $\begin{cases}9x^2-y^2+3x-y=0\\ (x+2)(y-5)+3=0\end{cases}$

103) $\begin{cases}x^3-8y^3=x^2-4xy+4y^2\\ x+y=\frac{3}{4}\end{cases}$

104) $\begin{cases}2x^2+xy-y^2=11\\ 2x^2-2y^2+3xy=16\end{cases}$

105) $\begin{cases}\frac{x^3+2y^3}{x+y}=x^2+2y^2-\frac{3}{2}\\ x^2y^2=1.\end{cases}$

Die Unbekannten stehen unter Quadratwurzelzeichen.

106) $\begin{cases}x-y=5(\sqrt{x}-\sqrt{y})\\ \sqrt{xy}=6\end{cases}$

107) $\begin{cases}x+y+\sqrt{x+y}=6\\ x^2+y^2=10\end{cases}$

108) $\begin{cases}\sqrt{x}+\sqrt{y}=7\\ x^2+y^2=337\end{cases}$

109) $\begin{cases}x^2+y\sqrt{xy}=105\\ y^2+x\sqrt{xy}=70\end{cases}$

110) $\begin{cases}x^2+y+\sqrt{x^2+y}=30\\ x^4-y^2=175\end{cases}$

111) $\begin{cases}(x\sqrt{x}+y\sqrt{y})\sqrt{x}=162\\ (x\sqrt{x}+y\sqrt{y})\sqrt{y}=81\end{cases}$

112) $\begin{cases}(\sqrt{x^2+y^2}-xy)\sqrt{x^2+y^2}=-380\\ (\sqrt{x^2+y^2}+xy)\sqrt{x^2+y^2}=480\end{cases}$

113) $\begin{cases}\sqrt{2x-9}+\sqrt{13-2y}=4\\ x-y=3\end{cases}$

114) $\begin{cases}\sqrt{(x+3)y}+\sqrt{x(y+3)}=9\\ \sqrt{x(x+3)}+\sqrt{y(y+3)}=3\sqrt{10}\end{cases}$

115) $\begin{cases}x+5y=15\\ \sqrt{3x+1}+\sqrt{4y+1}=\sqrt{4x+9y+11}.\end{cases}$

Buchstaben.

116) $\begin{cases} x + y = s \\ xy = p \end{cases}$ 117) $\begin{cases} x - y = d \\ xy = p \end{cases}$ 118) $\begin{cases} x + y = s \\ x^2 + y^2 = q \end{cases}$

119) $\begin{cases} x - y = d \\ x^2 + y^2 = q \end{cases}$ 120) $\begin{cases} x + y = s \\ x^2 - y^2 = a \end{cases}$ 121) $\begin{cases} x - y = d \\ x^2 - y^2 = a \end{cases}$

122) $\begin{cases} x^2 + y^2 + x + y = a \\ xy = p \end{cases}$ 123) $\begin{cases} x : y = a^2 \\ xy = b^2 \end{cases}$

124) $\begin{cases} x : y = t \\ x^2 + y^2 = q \end{cases}$ 125) $\begin{cases} x^2 + xy + y^2 = 6a^2 \\ \frac{x + y}{x - y} = 3 \end{cases}$

126) $\begin{cases} x^2 - y^2 + y - x = 2b(2a - 1) \\ x + y = 2a \end{cases}$ 127) $\begin{cases} (x + a)^2 + (y + b)^2 = 2c^2 \\ (c - x)^2 + (c - y)^2 = a^2 + b^2 \end{cases}$

128) $\begin{cases} x^3 + y^3 = k \\ x + y = s \end{cases}$ 129) $\begin{cases} x^3 - y^3 = m \\ x - y = d \end{cases}$ 130) $\begin{cases} x^4 + y^4 = f \\ x + y = s \end{cases}$

131) $\begin{cases} x^2 + y^2 = g \\ \sqrt{x} + \sqrt{y} = h \end{cases}$ 132) $\begin{cases} x^5 + y^5 = c \\ x + y = s \end{cases}$ 133) $\begin{cases} x^6 + y^6 = a \\ x^2 + y^2 = q \end{cases}$

134) $\begin{cases} x^5 + y^5 + x^2y^2(x + y) = b \\ x + y = s \end{cases}$ 135) $\begin{cases} x + y = \frac{1}{x} + \frac{1}{y} \\ x + y + x^2 + y^2 = a^2 \end{cases}$

136) $(x + y + \sqrt{xy})(x + y) = \sqrt{\frac{x}{y}} + \sqrt{\frac{y}{x}} = d.$

Mehr als zwei Unbekannte.

137) $\begin{cases} x^2 + y^2 + z^2 = 6 \\ x + y = 2 \\ x + z = 3 \end{cases}$ 138) $\begin{cases} xy + xz + yz = 3 \\ x + 2y + 3z = 6 \\ 3x + 2y + z = 6 \end{cases}$

139) $\begin{cases} \frac{3x + 4y - z}{8} = \frac{x + y - z}{3x + 4y + z} + 1 \\ x + y - \frac{2}{3}z = \frac{2x + y + 2}{6} \\ x : (y + z) = \frac{1}{5} \end{cases}$ 140) $\begin{cases} xy = -42 \\ xz = 48 \\ yz = -56 \end{cases}$

141) $\begin{cases} x^2 + y^2 = 5 \\ y^2 + z^2 = 13 \\ z^2 + x^2 = 10 \end{cases}$ 142) $\begin{cases} x + y = \frac{1}{2}xyz \\ y + z = \frac{5}{6}xyz \\ z + x = \frac{2}{3}xyz \end{cases}$

143) $\begin{cases} x(y + z) = -4 \\ y(x + z) = -10 \\ z(x + y) = -54 \end{cases}$ 144) $\begin{cases} x^2 = yz \\ x + y + z = 21 \\ x^2 + y^2 + z^2 = 199 \end{cases}$

145) $\begin{cases} (x + y)(x + z) = 70 \\ (x + y)(y + z) = 91 \\ (x + z)(y + z) = 130 \end{cases}$ 146) $\begin{cases} y + z + xyz(b - c)^2 = 0 \\ z + x + xyz(c - a)^2 = 0 \\ x + y + xyz(a - b)^2 = 0 \end{cases}$

147) $\begin{cases} x^2 + xy + y^2 = 19 \\ y^2 + yz + z^2 = 37 \\ z^2 + xz + x^2 = 28 \end{cases}$ 148) $\begin{cases} x^2 + y^2 + z^2 + u^2 = 30 \\ 2x + y + z + 2u = 15 \\ 2x + 2y + z + u = 13 \\ 2x + y + 2z + u = 14 \end{cases}$

149) $\begin{cases} x^2 + y^2 + z^2 + u^2 = 65 \\ xy - zu = 0 \\ u + z = 8 \\ x + y = 7 \end{cases}$ 150) $\begin{cases} x + y = 15 \\ u + z = 3 \\ x + u^2 = 8 \\ y + z^2 = 12 \end{cases}$

151) $\begin{cases} xy + zu = 14 \\ xz + yu = 11 \\ xu + yz = 10 \\ x + y + z + u = 10 \end{cases}$ 152) $\begin{cases} x_1x_2 + x_1x_3 + \ldots + x_4x_5 = 85 \\ x_1 + x_2 = 3;\ x_1 + x_3 = 4 \\ x_1 + x_4 = 5;\ x_1 + x_5 = 6. \end{cases}$

§ 34.

Eingekleidete quadratische Gleichungen mit mehreren Unbekannten.

Zahl-Eigenschaften.

1) Wie heißen die beiden Zahlen, welche sich wie 4 zu 7 verhalten, und zum Produkte 700 geben?

2) Die Quadratsumme zweier gesuchter Zahlen beträgt 17, während die Quadratsumme der beiden Zahlen, welche ihnen in der natürlichen Zahlenreihe folgen, 29 beträgt.

3) Wie muß man die Zahl 134522 in zwei Summanden zerlegen, damit die Summe der Quadratwurzeln aus diesen Summanden 500 beträgt?

4) Zwei Zahlen zu finden, deren Summe denselben Wert hat, wie ihr Produkt und wie der Unterschied ihrer Quadrate.

5) Die reellen Werte von a und b zu finden, sodaß $(a + bi)^2 = 9 + 40i$ wird.

8) Die Summe der beiden inneren Glieder einer geometrischen Proportion beträgt 15, die der äußeren 29 und die Summe der Quadrate aller vier Glieder beträgt 850. Wie heißt die Proportion?

9) Wie heißt die Proportion, deren innere Glieder sich um 2 unterscheiden, deren äußere Glieder sich um 11 unterscheiden, und bei welcher die Summe der Quadrate aller Glieder 445 beträgt?

10) Eine gesuchte dreiziffrige Zahl mit der Quersumme 20 hat folgende Eigenschaften. Addiert man zu ihr 297, so entsteht eine Zahl, welche dieselben Ziffern, jedoch in umgekehrter Reihenfolge hat. Löscht man die Einer der gesuchten Zahl fort, so bleibt das Quadrat der Einer stehen.

11) Bestimme diejenige dreiziffrige Zahl, welche die Quersumme 14 hat und dabei die Eigenschaft besitzt, daß, wenn man erstens nur die Einer, zweitens nur die Hunderter fortläßt, zwei zweiziffrige Zahlen entstehen, deren Produkt 1152 beträgt, und deren Quersummen zusammen 18 geben.

12) Eine dreiziffrige Zahl ist durch 11 teilbar. Die Summe ihrer ersten und letzten Ziffer aber kleiner als 11 (vgl. § 17). Die Summe der ersten und zweiten Ziffer ist um 4 größer als die dritte Ziffer. Das Produkt ihres elften Teils mit ihrer Quersumme giebt 350. Wie heißt die dreiziffrige Zahl?

13) Eine Zahl, die keine andere Zahlen als 2 und 5 zu Primfaktoren hat, besitzt 24 Teiler (vgl. § 17). Ihr Quadrat besitzt aber 77 Teiler. Dabei ist jedesmal 1 und die Zahl selbst als Teiler mitgerechnet. Wie heißt die Zahl?

14) Vermehrt man bei einem Bruche den Zähler um die Quadratwurzel aus dem Zähler, den Nenner um die Quadratwurzel aus dem Nenner, so entsteht ein Bruch, der $1\frac{1}{8}$ mal so groß ist, als der ursprüngliche Bruch. Vermindert man aber Zähler und Nenner auf dieselbe Weise, so entsteht ein Bruch, der gleich $\frac{3}{4}$ des ursprünglichen Bruchs ist. Wie heißt der letztere?

Geometrisches.

15) Eine Strecke von 12 *m* ist durch einen Punkt so geteilt, daß die über den Teilen errichteten Quadrate zusammen 80 *qm* Inhalt haben. Wie lang sind die Teile?

16) Der Umfang eines rechtwinkligen Dreiecks beträgt 60 *cm*, der Inhalt 120 *qcm*. Wie lang sind die Seiten?

17) Ein rechteckiges Segel zog sich, als mehrere Sturzwellen über den Bord des Schiffes schlugen, der Länge nach um den zehnten, der Breite nach um den fünfzehnten Teil zusammen, und verlor dadurch an Umfang 4 *m*, an Fläche

24 *qm*. Wie lang und wie breit war das Segel vorher gewesen?

18) Zwischen zwei Punkten A und D einer geraden Linie liegen zwei Punkte B und C derartig, daß $AB:AD = CB:CD$ ist (harmonische Punkte). Außerdem ist die mittlere Strecke BC ein Sechstel der ganzen Strecke AD und die Strecke CD ein Meter länger als die mittlere Strecke. Wie lang ist jede einzelne Strecke?

19) In jedem Dreieck bestehen zwischen den drei Seiten a, b, c und der Halbierungslinie m des Gegenwinkels von a bezw. der die Seite a halbierenden Transversale t die Relationen: $m^2 = bc - \frac{a^2 bc}{(b+c)^2}$ und $4t^2 + a^2 = 2b^2 + 2c^2$. Wie groß ist hiernach b und c, wenn $a = 12$, $t = \frac{5}{2}\sqrt{2}$, $m = 2\frac{4}{13}$ ist?

20) Zwei Polygone haben zusammen 18 Ecken und 58 Diagonalen. Wieviel Ecken hat jedes?

21) Wenn man jeden Punkt einer Punktgruppe mit jedem Punkte einer zweiten Punktgruppe verbindet, so erhält man 30 Verbindungslinien. Wenn man aber die Punkte jeder Punktgruppe unter sich verbindet, so erhält man zusammen 25 Verbindungslinien. Wieviel Punkte enthält jede Gruppe?

22) Berechne das Volumen einer rechtwinkligen Kiste, deren Länge soviel beträgt, wie Breite und Höhe zusammen, deren räumliche Diagonale $\sqrt{0,38}$ *m* ist, und deren Gesamt-Oberfläche 0,62 *qm* beträgt.

23) Wenn man einer Berechnung des Volumens der Cheops-Pyramide die Angabe Herodots über die Länge jeder Seite ihrer quadratischen Basis zu Grunde legt, und das Plethron zu 31 *m* rechnet, so erhält man 3075200 *cbm*, während nach neueren Messungen das Volumen in Wirklichkeit nur 2576450 *cbm* beträgt, da die Seite der quadratischen Basis 21 *m* kürzer ist, als sich nach Herodot ergiebt. Wieviel Plethren giebt Herodot für die Länge jeder Basisseite an, und wie hoch ist die Pyramide in Metern? (Das Volumen einer quadratischen Pyramide beträgt $(\frac{1}{3} a^2 h)$ *cbm*, wenn sie h *m* hoch ist, und die Seite ihrer Basis a *m* lang ist.)

Bewegungsaufgaben.

24) Aus zwei Dörfern A und B, die 27 *km* von einander entfernt sind, brechen zwei Bauern gleichzeitig auf, und gehen einander entgegen. Sie treffen sich nach 3 Stunden und verplaudern eine halbe Stunde. Darauf geht dann Jeder mit derselben Geschwindigkeit wie früher seinen Weg weiter. Da der, welcher von A kommt, aber schneller geht, als der andere, so trifft er 81 Minuten früher in B ein, als der, welcher von B kommt, in A eintrifft. In wieviel Minuten legte Jeder das *km* zurück, und wo trafen sie sich?

24_1) Neben einem Flusse läuft eine Eisenbahn. Während nun von Station A ein Zug nach der 90 *km* entfernten Station B zu abgeht, fahren gleichzeitig zwei Dampfschiffe in B ab, beide mit gleicher Geschwindigkeit, aber das eine nach A zu, das andere in entgegengesetzter Richtung. Der in der Stunde 50 *km* zurücklegende Zug begegnet nun dem von B kommenden Dampfschiffe $\frac{3}{4}$ Stunden früher, als er das andere Dampfschiff jenseits B einholt. Wieviel *km* legt jedes Dampfschiff in der Stunde zurück?

25) Bei einem Wettrennen gelangt das zweite Pferd, welches in der Sekunde durchschnittlich 1 Meter weniger zurücklegt, als das erste Pferd, 2 Sekunden später zum Ziel. Das dritte Pferd, dessen Geschwindigkeit 5 Sekunden-Meter geringer war, als die des ersten Pferdes, hatte erst 960 *m* zurückgelegt, als das erste Pferd das Ziel erreichte. Wie lang war die Rennbahn?

26) Die Vorderräder eines Omnibus laufen auf einer Strecke von 240 *m* achtmal öfter herum, als die Hinterräder. Auf derselben Strecke laufen die Vorderräder einer Droschke nur 6 mal öfter herum, als die Hinterräder. Wie groß sind die Räder beider Fahrzeuge bei der Annahme, daß der Umfang jedes Rades an der Droschke 1 *m* länger ist, als der Umfang des entsprechenden Rades am Omnibus? (Irrat.)

27) Zwei Punkte, welche auf den Schenkeln eines rechten Winkels liegen und 52 Meter von einander entfernt sind, beginnen gleichzeitig eine Bewegung nach dem Scheitelpunkte, wobei der eine das Meter in $\frac{1}{5}$ Sekunde, der andere in $\frac{1}{12}$ Sekunde zurücklegt. Nach einer Sekunde sind sie 39 *m* von

einander entfernt. Wie weit waren sie ursprünglich vom Scheitel entfernt?

Verschiedenartige Einkleidungen.

28) Ein Kaufmann kaufte für 120 *M* Kaffee und für 80 *M* Zucker ein, jedoch Kaffee 20 *kg* weniger als Zucker. Nach einigen Wochen hatten sich die Marktpreise derartig geändert, daß das *kg* Zucker 20 *Pf.* billiger, das *kg* Kaffee aber 40 *Pf.* teurer geworden war. Bei den so veränderten Marktpreisen hätte der Krämer für dasselbe Anlagekapital 50 *kg* weniger Kaffee als Zucker erhalten können. Welches waren die ursprünglichen Marktpreise?

29) Jemand besitzt eine Bade-Einrichtung, mittelst welcher er in 6 Minuten die Wanne bis zum Rande füllen kann, wenn er den Hahn für heißes Wasser vollständig aufdreht, dagegen in 12 Minuten die bis zum Rande volle Wanne leeren kann, wenn er alle 3 Hähne, nämlich den für heißes Wasser, den für kaltes Wasser und den für Abfluß vollständig öffnet. Um ein schnelleres Zufließen und Abfließen des kalten Wassers zu ermöglichen, läßt er nicht allein das Zuflußrohr für kaltes Wasser derartig ändern, daß dadurch allein die Wanne in $10\frac{2}{3}$ Minuten weniger gefüllt werden kann, als vorher, sondern auch das Abflußrohr so ändern, daß dadurch allein die Wanne in 2 Minuten weniger geleert werden kann, als vorher. Dadurch erreichte er, daß beim Öffnen aller 3 Hähne die Wanne in derselben Zeit wie früher, nämlich in 12 Minuten, geleert werden konnte. Wie lange dauerte anfänglich das Füllen der Wanne mit kaltem Wasser?

30) Ein Bauer mästet eine Anzahl junger Schweine, für welche er zusammen 120 *M* bezahlt hat. Zwei von den Mastschweinen behält er für sich, die übrigen verkauft er das Stück 50 *M* teurer, als der Einkaufspreis betrug. Dadurch erzielt er erstens einen Geldgewinn von 480 *M* und außerdem noch den Gewinn, im nächsten Jahre zwei Schweine selbst schlachten zu können. Wie viele Schweine kaufte er, und wie teuer war jedes?

31) Einem Gutsbesitzer wurden vor Ausbruch des Krieges im Jahre 1866 eine Anzahl Pferde abgekauft und von der Militär-Verwaltung mit 3600 *M* bezahlt. Vor Ausbruch

des deutsch-französischen Krieges mußte er zwar noch 4 Pferde mehr hergeben, bekam aber auch für jedes 120 ℳ mehr, als damals, so daß er im ganzen doppelt soviel Geld aus der Kriegskasse empfing. Wieviel Pferde verkaufte er 1866 und was bekam er für jedes?

32) Im Jahre 1882 gab es im deutschen Reiche 385 Gymnasien und 43 Progymnasien. Rechnet man hierzu noch die Realgymnasien, so ergiebt sich eine Summe, von welcher die 385 Gymnasien einen gewissen Prozentsatz bilden. Dieser wird um 17 erniedrigt, wenn man fragt, wieviel Prozent die Gymnasien und Progymnasien zusammen von allen höheren Schulen ausmachten, d. h. von Gymnasien, Progymnasien, Realgymnasien und den 268 Real- und höheren Bürgerschulen. Wieviel höhere Schulen gab es, und wieviel Prozent von ihnen sind eigentliche Gymnasien? (Die irrationalen Wurzeln sind auf ganze Zahlen abzurunden.)

33) Ein Autor schätzt ab, daß sein Manuskript im Druck 168 Seiten füllen wird. Es ergiebt sich jedoch, daß es 200 Seiten füllt, da der Autor die durchschnittliche Zahl der Buchstaben in jeder Zeile um 3 zu hoch, und die Zahl der Zeilen auf jeder Seite um 4 zu hoch angenommen hatte. Hätte der Autor zwar die Zahl der Zeilen richtig, dafür aber die Zahl der Buchstaben in jeder Zeile um 6 zu hoch vorausgesetzt, so wäre er doch noch immer auf eine zu kleine Seitenzahl, nämlich auf 175 gekommen. Wie lang schätzte er die Zeile, und wie lang die Seite?

34) Die Statuten des Vereins der Getreuen in Jever verpflichten jedes Mitglied, alljährlich vor dem 29. März eine gewisse Anzahl Kiebitz-Eier gesammelt zu haben. Von den 105 Eiern, die so alljährlich zusammenkamen, wurden immer dem Fürsten Bismarck zu seinem Geburtstage am 1. April 101 Stück übersandt. Als plötzlich eins der Mitglieder starb, mußten, damit wenigstens 102 Eier zusammenkamen, die Statuten dahin geändert werden, daß jedes Mitglied 2 Eier mehr als früher zu sammeln hatte. Wieviel Mitglieder hatte der Kiebitz-Verein, und wieviel Eier hatte jedes Mitglied zuletzt zu sammeln?

35) Wenn das deutsche Reich einst $6\frac{4}{5}$ Millionen Einwohner mehr haben wird, als es im Jahre 1881 gehabt hat, und

dann nur ebensoviel Mark in Goldmünzen und ebensoviel Mark in Silbermünzen ausgeprägt werden sollten, so würden auf den Kopf der Bevölkerung an Gold 5 ℳ 10 ₰. und an Silber 1 ℳ $27\frac{1}{2}$ ₰. weniger kommen, als 1881. Nun wurden in Gold und in Silber zusammen für $2203\frac{1}{2}$ Millionen Mark ausgeprägt. Berechne hiernach, wieviel Einwohner das deutsche Reich 1881 hatte, wieviel Mark in Gold und wieviel in Silber ausgeprägt wurden.

36) Zur Fahrt auf einer 40 *km* langen Eisenbahn-Strecke wurden im ganzen 100 Billets gelöst, und zwar 60 Billets mehr dritter Klasse, als erster Klasse. Der Billeteur nahm für die Billets erster Klasse 40 ℳ ein, für die zweiter Klasse 60 ℳ, und für die dritter Klasse 140 ℳ. Ein Billet zweiter Klasse kostete soviel weniger als ein Billet erster Klasse, wie es mehr kostete, als ein Billet dritter Klasse. Wieviel kostet ein Billet jeder Klasse pro Kilometer?

37) Aus den Ermittelungen des Kaiserlichen statistischen Amtes geht hervor, daß 1878 in Deutschland etwa 8 Millionen *ha* Land mit Weizen und mit Roggen bepflanzt waren, daß 1 Quadratdezimeter Weizenland etwa 3 Körner mehr brachte, als 1 Quadratdezimeter Roggenland, sowie auch, daß Deutschland 42 Billionen Weizenkörner und 120 Billionen Roggenkörner produzierte. Wieviel *ha* Land waren hiernach mit Weizen und wieviel mit Roggen bepflanzt? (1 *qdm* prod. x Körner Roggen, die Zahl der Billionen *qdm*, die mit Roggen bezw. mit Weizen bepflanzt waren, sei y bezw. z.)

Sechster Abschnitt.

Die drei Operationen dritter Stufe.

§ 35.

Potenzen mit ganzzahligen Exponenten.

$$3^4 = 3 \cdot 3 \cdot 3 \cdot 3;\quad a^p = \overset{1)}{a} \cdot \overset{2)}{a} \cdot \overset{3)}{a} \cdot \overset{4)}{a} \cdot \overset{5)}{a} \ldots \overset{p)}{a};\quad a^1 = a.$$

Distributionsgesetze

bei gemeinsamer Basis.

$$\text{I)}\quad 2^7 \cdot 2^3 = 2^{7+3},\quad a^p \cdot a^q = a^{p+q},$$

$$\text{IIa)}\quad 2^7 : 2^3 = 2^{7-3},\quad a^p : a^q = a^{p-q},\ \text{wenn } p > q \text{ ist},$$

$$\text{IIb)}\quad 2^3 : 2^7 = \frac{1}{2^{7-3}},\quad a^p : a^q = \frac{1}{a^{q-p}},\ \text{wenn } p < q \text{ ist},$$

bei gemeinsam. Exponenten.

$$\text{III)}\quad 2^3 \cdot 5^3 = (2 \cdot 5)^3,\quad a^q \cdot b^q = (a \cdot b)^q,$$

$$\text{IV)}\quad 2^3 : 5^3 = (2 : 5)^3,\quad a^q : b^q = (a : b)^q;$$

Associationsgesetze.

$$\text{Va)}\quad (2^3)^4 = 2^{3 \cdot 4},\quad (a^p)^q = a^{q \cdot p},$$

$$\text{Vb)}\quad (2^3)^4 = (2^4)^3,\quad (a^p)^q = (a^q)^p.$$

$$7^0 = 1,\quad a^0 = 1.$$

$$7^{-2} = \frac{1}{7^2} = \left(\frac{1}{7}\right)^2,\quad a^{-p} = \frac{1}{a^p} = \left(\frac{1}{a}\right)^p.$$

Der Exponent ist positiv ganzzahlig.

1) Was bedeutet a) 10^{10}, b) $(a^2)^n$, c) a^{b+c}, d) $(a-b)^{5q}$?

2) Schreibe die $(p+q)$te Potenz von $a + b - c$.

2_1) Entspricht dem Exponenten einer Potenz der Multiplikandus oder der Multiplikator eines Produkts?

3) Jemand soll a mit a multiplizieren, das Produkt wieder mit a multiplizieren, und so fortfahren, bis er im ganzen $n - 1$ Multiplikationen ausgeführt hat. Wie kann er das Resultat mit nur zwei Buchstaben schreiben?

4) Es ist $10^{n-1} \leqq a < 10^n$, wenn a eine n-ziffrige Zahl ist. Warum?

5) Warum hat die zweite, dritte u. s. w. Potenz einer benannten Zahl keinen Sinn?

6) Man teilt eine 1 *km* lange Strecke in zwölf gleiche Teile, teilt dann jeden Teil wiederum so ein, und setzt diese duodezimale Teilung fort, bis sie xmal geschehen ist. a) Wieviel kleinste Teile hat man dann? b) Wie groß muß x sein, damit ein solcher Teil kleiner als 1 *mm* wird?

7) Berechne: a) den Kubus von $1\frac{1}{3}$, b) die fünfte Potenz von fünf, c) 0^{39}, d) 1^{43}, e) 43^1.

8) Berechne: a) $(-1)^1$, b) $(-1)^2$, c) $(-1)^3$, d) $(-1)^8$, e) $(-1)^{29}$, f) $(-1)^{407}$, g) $(-1)^{2n}$, h) $(-1)^{2n+1}$, i) $(-1)^{2n-1}$, wo n eine positive ganze Zahl bedeutet.

9) Berechne: a) $(-2)^9$, b) $(-3)^4$, c) $(-10)^{12}$, d) $(-\frac{3}{4})^5$, e) $(-0{,}1)^6$.

10) Bilde eine Regel über die Bestimmung des Vorzeichens bei dem Potenzieren einer negativen Zahl.

11) Vereinfache: a) $(\sqrt{2})^{2n}$, b) $(\sqrt{0{,}3})^{4p}$, c) $(\sqrt{a})^{2p+2q}$.

12) Berechne: a) $(\sqrt{-1})^4$, b) i^5, c) i^{13}, d) i^{15}, e) i^{42}, f) i^{8723}.

13) Vereinfache: a) i^{4n}, b) i^{4n+1}, c) i^{4n+2}, d) i^{4n+3}, e) $\frac{1}{i^{4n}}$, f) $\frac{1}{i^{4n+1}}$, g) $\frac{1}{i^{4n+2}}$, h) $\frac{1}{i^{4n+3}}$.

14) Warum ist $a^{n+1} > a^n$, wenn $a > 1$ ist?

15) Warum ist $a^{n+1} < a^n$, wenn $a < 1$ ist?

16) Da Gleiches, mit Gleichem multipliziert, Gleiches giebt, so gilt auch der Satz, daß Gleiches, mit Gleichem potenziert, Gleiches giebt. Welcher Bedingung müssen aber die Basen unterliegen, damit auch der Satz richtig sei, daß Größeres mit Gleichem potenziert, Größeres giebt?

17) Welches Vergleichungszeichen ist zwischen a^{2m} und b^{2m} zu stellen, wenn m eine ganze Zahl und a positiv und kleiner als b ist?

18) Um wieviel ist a^3 größer als b^3, wenn a um p größer ist, als b?

19) Ist es möglich, sich den Exponenten n in 2^n so groß zu denken, a) daß $2^n > 1'000000$ wird, b) daß 2^n größer

als jede noch so große Zahl wird, c) daß $(\frac{1}{2})^n$ kleiner als jede noch so kleine Zahl wird?

20) Welches Zeichen darf man für a^∞ setzen, a) wenn $a > 1$ ist? b) wenn $a < 1$ ist? (vgl. Nr. 19).

---

21) Substituiere in die diesem Paragraphen vorangestellten Formeln: a) $a = 24$, $b = 6$, $p = 3$, $q = 1$, b) $a = \frac{3}{4}$, $b = \frac{3}{8}$, $p = 5$, $q = 2$, c) $a = 0{,}2$, $b = -1$, $p = 2$, $q = 1$, d) $a = \sqrt{2}$, $b = 5$, $p = 4$, $q = 2$, e) $a = \sqrt{-1}$, $b = 2$, $p = 6$, $q = 4$, f) $a = 3 + \sqrt{5}$, $b = \sqrt{5} - 1$, $p = 4$, $q = 1$.

22) Welche Formel kann man so übersetzen: „Statt eine Zahl mit einer Differenz zu potenziern, kann man die Zahl auch mit dem Minuendus und mit dem Subtrahendus potenzieren, und die aus dem Minuendus hervorgegangene Potenz durch die aus dem Subtrahendus entstandene Potenz dividieren?"

23) Übersetze die Distributionsgesetze und die Associationsgesetze der Potenzierung: a) vorwärts, b) rückwärts.

24) Suche in § 10 die Formel, weiche a) der Formel I, b) der Formel III dieses Paragraphen entspricht.

25) Die Formel IIa) dieses Paragraphen ist analog der Formel II in § 10. Welche Formel ist hier analog der Formel $ma - pa = -[(p - m)a]$ wo $p > m$ ist?

26) Suche in § 27 die Formeln, welche von den hier mit III und IV bezeichneten Formeln spezielle Fälle sind.

27) Beweise die Formeln I bis Vb) aus der Definition der Potenzierung.

28) Beweise die Formel IV aus der Definition der Division mit Benutzung der Formel III.

30) Es giebt nur zwei verschiedene, positive, ganze Zahlen, für welche a^b gleich b^a ist. Welche sind es?

31) Womit muß man $2^{20} = 1'048576$ multiplizieren, um 2^{23} zu erhalten?

Berechne:

32) $2 \cdot 3^5 + (2 \cdot 3)^5 - 2^5 \cdot 3$

33) $(4 + 3 \cdot 2)^{4 + 3 \cdot 2} - 2^{10} \cdot 5^{10}$

34) $4^4 + 3^3 - (3 \cdot 12^3 : 6^2)$

35) $(3^2 - 2^3)^{4 + 4^2 + 4^3}$

36) $[53 - 7^{2^2 - 2} - 2^2]^{53}$

37) $(1\frac{3}{7})^3 - [(2^{2 \cdot 5} + 5) : 7^7]^2$

38) $(7^5 - 2^5) : (7 - 2)$

39) $(4^3 + 4) : (3^4 - 4^3)$

40) $(-3)^5 - (-2)^5$

41) $3^4 + 4^3 - (-3)^4 - (-4)^3$.

Die Ausdrücke von Nr. 42 bis Nr. 100 sollen den Potenzgesetzen unterworfen und möglichst vereinfacht werden:

42) $a^8 \cdot a^2 \cdot a^5$ 43) $a^{11} \cdot a^4 : a^6 : a^3$ 44) $a^{16} : a^7 + b^{15} : b^6$

45) $45p^5 \cdot p^7 : 9p^{11}$ 46) $a^v \cdot a^w$ 47) $a^{3v+4} \cdot a^{w-4}$

48) $d^x\, d$ 49) $e^{5x} e^{22x} : (e^{12x} e^{13x})$ 50) $c^{x+n} : c^{x-n}$

51) $a^{3p+4q}\, a^{p-3q}$ 52) $a^{4x} : a^{3x-1} \cdot a^{5x-1}$ 53) $(2a^{3x-y})(3a^{3x+7y})$

54) $\frac{a^{n+x}}{a^n}$ 55) $\frac{b^{p+3q}}{b^p}$ 56) $\frac{b^p}{b}$ 57) $\frac{c^{3x-1}}{c^{2x+5}}$

58) $(\frac{3}{4} a^3 b)(\frac{5}{12} a^7 b^2)(\frac{16}{5} a^{x-10} b^{y-3}) + (\frac{4}{9} a^{4x}) : (2\frac{1}{4} a^{3x})$

59) $(\frac{2}{3} p^3 q)(\frac{4}{9} p^7 r^{5x-1})(q^x r^{24-x})(\frac{4}{11} p^x r^{3x-20}) : (\frac{64}{99} p^{10} q^x r^{3x})$

60) $\frac{a^{m-p} a^{5p+m}}{2m+4p}$ 61) $\frac{a^{x+1}\, a^{3x+2}}{(4x+3)a}$ 62) $\frac{a^{4x-3} b^{7x+5}}{a^{9x+1} b^{7-x}}$

63) $\frac{a^{4m+p}\, b^{3m-p}\, c^{5m+4p}}{a^{3m-p}\, b^{4m+p}\, c^{6m+7p}} \cdot \frac{a^{m-2p}\, b^{m+p}\, c^{8m+3p}}{a^m b^m c^m}$

64) $\frac{p^{a-b+3c} q^{4a-b+7c}}{p^{2a+b-3c} q^{a-4b+c}} : \frac{p^{7a-1\frac{1}{2}b+1\frac{1}{4}c}\; q^{a+b-0{,}1c}}{p^{3a-\frac{1}{2}b-\frac{3}{4}c}\; q^{2a-b+\frac{1}{10}c}}$

65) $\frac{(a-b)^{2p+q}}{(b-c)^{p-q}} \cdot \frac{(b-c)^{3p-q}}{(a-b)^{p-2q}}$ 66) $\frac{(a+b+c)^{r-2}}{(a+b+c)^{2r-5}} : \frac{(a+b+c)^{r-3}}{(a+b-c)^{2r-6}}$

67a) $\frac{x^n - y^n}{x-y}$ 67b) $\frac{x^{2n} - y^{2n}}{x+y}$ 67c) $\frac{x^{2n+1} + y^{2n+1}}{x+y}$ (vgl. § 14)

68) $(-a)^{4p}\, (-a)^{2p+1} : (-a)^{4p+1}$, wo p ganzzahlig ist.

---

69) $(pq)^7\, (pr)^4\, (qr)^5$ 70) $(3\frac{3}{4})^{2p}\, (\frac{8}{3})^{2p} : (\frac{5}{2})^{2p}$

71) $4^n \cdot 25^n : 10^n$ 72) $8^9 \cdot 125^9$ 73) $(2^{10} - 24)^{4p} : 10^{12p}$

74) $8^n : 2^{3n}$ 75) $(19^3)^2 - (19^2)^3$ 76) $(a^{n-1})^2 \cdot (a^{n-1})^{n-1}$

77) $[(x+3y)^{2a+1}]^{2a+1} : [(x+3y)^{4a}]^a$

78) $(a^2 b^2 c)^5\, (a^4 b^3 c)^7 : (a^7 b^5 c^2)^6$

79) $\left(\frac{a}{b}\right)^n \left(\frac{b}{c}\right)^n \left(\frac{c}{d}\right)^n \left(\frac{d}{a}\right)^n$ 80) $\frac{(a+b)^{a+b}}{(a-b)^{a+b}} (a^2 - b^2)^{a+b}$

81) $\frac{(2a^3 b^4 c^5)^4}{(5a^5 b^7 c^{11})^3} : \frac{(4a^5 b^7 c^6)^2}{(25a^2 b^4 c^6)^3}$ 82) $\frac{(a^n b^{2n+1} c^{3n-1})^4\, (abc^{3n})^3}{(c^3)^{7n}\, (ab)^{4n-7}}$.

---

83) $\frac{a^4}{b^3} - \frac{a^9}{b^8}$ 84) $\frac{1}{x^n} + \frac{1}{x^{n-1}}$ 85) $\frac{1-x^2}{x^n} + \frac{1}{x^{n-2}}$

86) $\frac{3+7x^4}{x^5} + \frac{5x+11x^5}{x^6} + \frac{8x^2-18x^6}{x^7} - \frac{16x^3-x^7}{x^8}$

87) $(a^3 b^2 + 3a^2 b^3 - 7ab^4)a^3 b + (a^2 + ab + b^2)a^4 b^3$

88) $(8x^{n+3}+7x^{n+4}+6x^{n+5}):x^n$ 89) $(\frac{3}{4}x^n y^{m+1}+\frac{1}{8}x^{3n}y^{4m-7}):\frac{1}{8}y^m$

90) $(a^n+a^3)(a^{4-n}+a)$ 91) $(a^p+a^q)(a^{p+3}-a^{q+3})$

92) $(x^n+1)^2$ 93) $(x^4+4^x)^2$ 94) $\left(x^n+\frac{1}{x^n}\right)^2$

95) $\frac{a^{2n}-b^{2n}}{a^n+b^n}$ 96) $\frac{a^{3n}+b^{3n}}{a^n+b^n}$ 97) $\frac{(a^4-5a^2b^2+4b^4)^x}{(a^2+3ab+2b^2)^x}$

98) $(x^{9p+9}+x^{6p+6}+x^{3p+3}+1)(x^{3p+3}-1)$

99) $\frac{a^p+a^q}{a^p-a^q}+\frac{a^p-a^q}{a^p+a^q}-\frac{a^{2p}+a^{2q}}{a^{2p}-a^{2q}}$

100) $\frac{x^{4p+8q}-5x^{2p+4q}y^{6p-2q}+4y^{12p-4q}}{x^{2p+4q}-3x^{p+2q}y^{3p-q}+2y^{6p-2q}}$

Der Exponent ist null oder negativ.

101) Was bedeutet: a) 10^0, b) 10^{-1}, c) 10^{-2}, d) a^{-5}?

102) Schreibe 2^{-4} als Produkt von vier gleichen Faktoren.

Berechne:

103) $4^0 \cdot 5^3 - 20^0$ 104) $(0,1)^{-3}$ 105) $5:5^{-1}$

106) $25^{-1} \cdot 8^{-2}$ 107) $(1:2)^{-1}+34^0$ 108) $(-1)^0$

109) $1:(\frac{1}{2})^{-10}$ 110) $(-1)^{96}+(-1)^{-96}-(-0,4)^{-2}$.

111) Beweise aus $a^0=1$, daß die Formeln I bis V richtig sind, wenn jeder der auftretenden Exponenten null ist.

112) Beweise aus der Definition $a^{-n}=1:a^n$ die folgenden Formeln: a) $a^{-p}a^q=a^{-p+q}$, b) $a^{-p}a^{-q}=a^{-p-q}$, c) $a^{-p}:a^q=a^{-p-q}$, d) $a^{-p}:a^{-q}=a^{-p+q}$, e) $a^{-p}b^{-p}=(ab)^{-p}$, f) $(a^{-p})^{-q}=a^{+pq}$, wo p und q positiv zu denken sind.

113) Schreibe auf kürzeste Weise: a) $4 \cdot 10^3+5 \cdot 10^2+6 \cdot 10^1+7 \cdot 10^0+8 \cdot 10^{-1}$, b) $3 \cdot 10^{-1}+7 \cdot 10^{-2}+8 \cdot 10^{-3}$, c) $4 \cdot 10^{-4}+5 \cdot 10^{-6}$.

114) Bei einer dekadisch geschriebenen Zahl nennt man hundert die zweite Stufenzahl. Welche Zahl kann man demnach bei der Dezimalbruch-Schreibweise als „minus zweite Stufenzahl" bezeichnen?

115) Ist q^{-n} größer oder kleiner als 1, wenn $n>0$ und die positive Zahl q: a) größer als 1 ist, b) kleiner als 1 ist?

116) Mit welchem Exponenten potenziert man die beiden Seiten einer Gleichung, wenn man ihre reciproken Werte gleichsetzt?

117) Was giebt $(4r-s)^{14r-7s}$, wenn $s=2r$ ist?

118) Welche Ungleichung muß n erfüllen, damit 0^n: a) gleich null ist, b) unendlich groß wird?

119) Welche Zahlenwerte durchläuft x^{-4}, wenn x alle Werte von 1 bis 0 durchläuft?

120) Entferne die negativen Exponenten aus den Ausdrücken:

a) $(x:y)^{-n}$, b) $\frac{a}{b^{-4}}$, c) $\frac{13a^{-3}bc^{-1}}{5p^{-4}q^{-5}}$, d) $\left(\frac{1}{x+x^{-1}}\right)^{-1}$

121) Berechne: a) i^{-1}, b) i^{-2}, c) i^{-3}, d) i^{-4}, e) i^{-15}, f) i^{-4n+1}, g) $i^{-(4n+1)}$, h) $i^{-(4n+2)}$, wo i die imaginäre Einheit ist.

Bei den folgenden Ausdrücken soll man die Potenzgesetze anwenden; es ist oft nicht nötig, die negativen Exponenten vorher zu entfernen; schließlich aber thue man dies im Resultate:

122) $b^{2p-1}:b^{-1}+c^{3q-4}:c^{-4}:c^q$ 123) $(a:b)^{-3}a^{-2}b^{-1}$

124) $(\frac{3}{4}a^{-2}b^5c^{-6})(2\frac{2}{3}a^2b^{-5}c^6)$ 125) $(a^3b^4)^{-2}:(a^{-3}b^4)^{-3}$

126) $\left(\frac{3a^2}{4b^3}\right)^{-3}\cdot\left(\frac{9a^{-2}b}{4c}\right)^{-4}$ 127) $\left(\frac{p+q}{p-q}\right)^{-2}\cdot\left(\frac{p^2-q^2}{p+q}\right)^2$

128) $(4abc^{-1}+3a^2b^{-1}c^0):a^{-1}b^{-1}c^{-2}$

129) $(3p^2+4p^{-2})(p^2+p^{-2})$ 130) $(a^{-3}+b^{-3}):(a^{-1}+b^{-1})$

131) $(5a+6+3a^{-1})(2a-1-a^{-1})$ 132) $(a^{-8q}-1):(a^{-2q}+1)$

133) $(a^{2r}+a^r b^{-s}-6b^{-2s}):(a^r-2b^{-s})$

134) $\left[(a^{-2})^{-6}\right]^3+\left[(a^{+9})^{-1}\right]^{-4}$ 135) $\left[(a^{-4})^3\right]^{-3}+\left[(a^{-1})^{-2}\right]^{18}$.

Löse die Gleichungen (§ 28):

136) $x+12x^{-1}=7$ 137) $(x+1)^{-2}=(37-3x)^{-1}$

138) $1+25x^{-1}+(\frac{1}{10}x)^{-2}=0$

139) $(4+7x^{-1})(3-5x^{-1})=11-5(x^{-1})^2$.

§ 36.

Wurzeln.

(Vergleiche § 27.)

Erste Definitionsformel: I) $\left(\sqrt[n]{a}\right)^n=a$.

Zweite Definitionsformel: II) $\sqrt[n]{a^n}=a$.

Verteilungsformeln:
III) $\sqrt[n]{a}\cdot\sqrt[n]{b}=\sqrt[n]{a\cdot b}$,
IV) $\sqrt[n]{a}:\sqrt[n]{b}=\sqrt[n]{a:b}$.

Verbindungsformeln:

V) $\sqrt[p]{a^q} = \left(\sqrt[p]{a}\right)^q$,

VI) $\sqrt[p]{\sqrt[q]{a}} = \sqrt[pq]{a}$.

Kürzungsformel: VII) $\sqrt[np]{a^{nq}} = \sqrt[p]{a^q}$.

$\left(\sqrt[n]{a}\right)^n = a$, auch wenn a keine nte Potenz ist.

Beispiel für die Kubikwurzel-Ausziehung.

Ausführlich:

$$
\begin{array}{rl}
& \sqrt[3]{103823} = a + b, \\
& 64000 = a^3 \quad \text{wo } a = 40 \\
& \overline{39823} \quad\quad\quad\quad b = \;\;7 \\
3a^2 = 4800\,) & 33600 = 3a^2b \quad \text{wird.} \\
& 5880 = 3ab^2 \\
& 343 = b^3 \\
& \overline{39823} = 3a^2b + 3ab^2 + b^3
\end{array}
$$

Abgekürzt:

$$
\begin{array}{rl}
& \sqrt[3]{103'823} = 47. \\
& 64 \\
& \overline{398'23} \\
48) & 336 \\
& 588 \\
& 343 \\
& \overline{39823}
\end{array}
$$

---

1) Was bedeutet: a) $\sqrt[4]{81}$, b) $\sqrt[4]{a}$, c) $\sqrt[m]{a}$, d) $\sqrt[m]{a+b}$?
2) Schreibe a als Produkt von fünf gleichen Faktoren.
3) Wie kann man eine Zahl schreiben, die, mit v potenziert, w giebt?

3_1) Wie schreibt man den Wert von x, bei welchem $x^v = w$ ist?

3_2) Wie hängt die Bezeichnung „Wurzel" im Sinne dieses Paragraphen mit der Bezeichnung „Wurzel" für einen Wert der Unbekannten einer Gleichung zusammen?

4) Drücke die folgenden Wahrheiten so aus, daß links ein Wurzelzeichen steht: $3^2 = 9$, b) $2^3 = 8$, c) $12^3 = 1728$, d) $(\frac{4}{3})^5 = \frac{1024}{243}$, e) $(-2)^6 = +64$, f) $1^3 + 2^3 = 3^2$, g) $(1 + \sqrt{2})^4 = 17 + 12\sqrt{2}$.
5) Prüfe durch Potenzierung, ob richtig ist: a) $\sqrt[3]{216000} = 60$, b) $\sqrt[4]{4} = 1$, c) $\sqrt[5]{-3125} = -5$, d) $\sqrt[1]{200} = 200$, e) $\sqrt[n]{1} = 1$, f) $\sqrt[20]{0} = 0$.

6) Berechne die ersten bis fünften Potenzen der ganzen Zahlen von 1 bis 5 und entnimm jedem Resultate eine Gleichung, auf deren linker Seite eine Wurzel steht.

Vereinfache mit Benutzung der beiden Definitionsformeln der Radizierung, aber ohne Benutzung der andern Formeln der Radizierung:

7) $\sqrt[4]{a^4} - \sqrt[5]{a^5}$ 8) $\sqrt[7]{a^7} + \sqrt[6]{(a-b)^6}$ 9) $a : (\sqrt{a:b})^2 : \sqrt[x]{b^x}$

10) $(\sqrt[n]{a^p b^q} \cdot \sqrt[n]{a b})^n : (a^p b^q)$ 11) $(\sqrt[n]{a^3 - b^3} : \sqrt[n]{a - b})^n$.

12) Was bedeutet: a) $\sqrt[-3]{125}$, b) $\sqrt[-n]{a}$?

13) Merke die ersten Potenzen von 2 und berechne mit ihrer Hilfe: a) $\sqrt[-3]{1:8}$, b) $\sqrt[-5]{32}$, c) $\sqrt[4]{256}\,\sqrt[-4]{16}$, d) $\sqrt[-10]{1:\frac{1}{1024}}$.

14) Warum ist $\sqrt[-n]{a} = \sqrt[n]{1:a}$?

15) Schreibe mit positivem Wurzel-Exponenten: a) $\sqrt[-3]{\frac{125}{512}}$, b) $\sqrt[-1]{100}$, c) $\sqrt[-5]{a:b}$, d) $\sqrt[-2]{0{,}01}$.

16) Welche Regeln entsprechen bei den Operationen erster und zweiter Stufe der Regel: „Potenzierung und Radizierung mit demselben Exponenten heben sich auf"?

17) Betrachtet man bei der Ableitung der Radizierung aus der Potenzierung die Basis oder den Exponenten als Unbekannte?

18) Da $a + b = b + a$ ist, so folgen aus $a + b = s$ zwei Differenzen, nämlich $s - a = b$ und $s - b = a$. Ebenso folgen aus $a \cdot b = p$ zwei Quotienten, nämlich $p : a = b$ und $p : b = a$. Warum kann man nun nicht auch aus $a^b = r$ außer $\sqrt[b]{r} = a$ noch eine zweite Wurzel entnehmen?

19) Warum muß die Potenzierung noch eine zweite von der Radizierung wesentlich verschiedene Umkehrung haben? (Vgl. § 38.)

---

20) Sprich die Formeln III bis VII in Worten aus, a) vorwärts, b) rückwärts gelesen.

21) Ist die Formel III bewiesen, wenn man zeigt, daß $\left(\sqrt[n]{a}\,\sqrt[n]{b}\right)^n = a b$ wird?

22) Beweise die Formel IV: a) durch Anwendung der Definition der **Radizierung** und einer passenden Potenzierungsformel, b) durch Anwendung der Definition der **Division** und der Formel III.

23) Welche Formeln aus § 35 müssen beim Beweise der Formeln V bis VII zur Anwendung kommen?

24) Warum darf man die Anwendung der Formel VII von links nach rechts „reduzieren" oder „heben" und die Anwendung derselben von rechts nach links „erweitern" nennen.

25) Sprich aus und beweise die Formel $\sqrt[n]{1:a} = 1:\sqrt[n]{a}$.

26) Welche Formel kann man in Worten kurz so aussprechen: „Es ist gleichgültig, ob man erst potenziert und dann radiziert, oder ob man erst radiziert und dann potenziert?"

Bringe den Faktor unter das Wurzelzeichen, d. h. verwandle nach dem Schema $a\sqrt[n]{b} = \sqrt[n]{a^n b}$ in eine Wurzel:

27) $p^2\sqrt[3]{p}$ 28) $ab\sqrt[4]{1:(ab)}$ 29) $(p-q)\sqrt[3]{(p+q):(p-q)}$

30) $\frac{a}{d^2}\sqrt[y]{\frac{d^{2y+1}}{a^{y-1}}}$ 31) $(a+b)\sqrt[3]{\frac{a^3+b^3}{a^3+3a^2b+3ab^2+b^3}}$

Verwandele nach dem Schema: $\sqrt[x]{a^{x+y}b} = \sqrt[x]{a^x(a^y b)} = a\sqrt[x]{a^y b}$:

32) $\sqrt[3]{2^3 a^4 b}$ 33) $\sqrt[n]{a^{n+1} b^{n+2} c^{n+3}}$ 34) $\sqrt[7]{a^7 b^2(a^4+b^4)}$

35) $\sqrt[4]{a^5 b^5} + \sqrt[4]{a^9 b^{13}} - \sqrt[4]{2^4 ab^9}$ 36) $\sqrt[5]{2^5 \cdot 3^{10} \cdot 5^{15}}$

37) $\sqrt[4]{2^{12} \cdot 3^4 \cdot 5^8}$ 38) $\sqrt[5]{16 \cdot 6 \cdot 81}$ 39) $\sqrt[8]{1024 \cdot 192 \cdot 81 \cdot 27}$.

Verändere durch Anwendung der Formel IV:

40) $\sqrt[7]{\frac{a^{13}b^2c^4}{d^5e^8}} : \sqrt[7]{\frac{a^6d^2}{e^8b^5c^3}}$ 41) $(b+c) : \sqrt[m]{(b+c)^{m-1}}$.

Vereinfache durch Anwendung der Formeln V und VI:

42) $\sqrt{(a^2+2ab+b^2)^3}$ 43) $\sqrt[4]{(16a^4b^4)^3}$

44) $\sqrt[3]{\sqrt[4]{b}}$ 45) $\sqrt[6]{\sqrt[3]{a^{18}}}$ 46) $\sqrt{\sqrt[3]{\sqrt[5]{a}}}$

47) $\sqrt[7]{\sqrt[3]{a^7}}$ 48) $\sqrt[12]{\sqrt[5]{a^4}}$ 49) $\sqrt[4]{\sqrt[5]{a}} \cdot \sqrt{\sqrt[10]{a}}$.

Berechne auf kürzeste Weise:

50) $\sqrt[3]{8^5}$, 51) $\sqrt[5]{32^3}$, 52) $\sqrt[4]{(\frac{16}{625})^3}$, 53) $\sqrt[7]{10000000^6}$, 54) $\sqrt[5]{\sqrt{1024^7}}$.

Bringe auf den kleinsten positiven Wurzelexponenten (F. VII):

55) $\sqrt[8]{a^6}$, 56) $\sqrt[12]{p^{30}}$, 57) $\sqrt[32]{(a+b)^{24}}$, 58) $\sqrt[6]{a^{3q}}$, 59) $\sqrt[2p]{c^{6p}}$,

60) $\sqrt[-4]{a^{-14}}$, 61) $\sqrt[-15]{a^{10}}$, 62) $\sqrt[3ab]{p^{4ac}}$, 63) $\sqrt[p+q]{a^{p^2+2pq+q^2}}$.

Bringe auf den Wurzel-Exponenten 72 (F. VII umgek.):

64) $\sqrt[3]{a^2}$ 65) $\sqrt[4]{a^3}$ 66) $\sqrt[6]{a^3b}$ 67) $\sqrt[12]{a^3b^5 : cd}$ 68) $\sqrt[8]{a^4b^9c^{-2}d^0}$.

Um Brüche mit ungleichen Nennern addieren oder subtrahieren zu können, hat man sie zunächst auf gleichen Nenner zu bringen. Ebenso hat man Wurzeln mit ungleichen Wurzel-Exponenten, um sie multiplizieren oder dividieren zu können, zunächst auf gleichen Wurzel-Exponenten zu bringen, z. B.: $\sqrt[6]{a^5}\,\sqrt[14]{a^9} = \sqrt[42]{a^{35}}\,\sqrt[42]{a^{27}} = \sqrt[42]{a^{62}} = a\sqrt[21]{a^{10}}$. Verändere in derselben Weise:

69) $\sqrt[4]{p^7}\sqrt[6]{p^{11}}$ 70) $\sqrt[8]{a^5}\,\sqrt[10]{a^3}\,\sqrt[20]{a^7}$ 71) $\sqrt[12]{a^{13}} : \sqrt[8]{a^3}$

72) $\sqrt{p}\,\sqrt[5]{q}$ 73) $\sqrt[4]{p^3q^3}\sqrt[12]{p^{11}q}$ 74) $\sqrt[6n]{abc}\,\sqrt[9n]{a^8b^7c^6}$

75) $\sqrt[6]{\frac{a}{b}}\,\sqrt[27]{\frac{b}{a}}$ 76) $\sqrt{a}\,\sqrt[8]{\frac{b^2}{a}}$ 77) $\sqrt[12]{\frac{a}{b}}\sqrt[8]{\frac{a^5}{b^4}} : \sqrt[6]{\frac{a^4}{b^3}}$.

Verwandele in eine Wurzel, deren Radikand eine Potenz oder ein Produkt von Potenzen ist, sodaß die Basis jeder Potenz ein Buchstabe ist:

78) $\sqrt[3]{a\sqrt[4]{a^7}}$ 79) $\sqrt[5]{n^2\sqrt[3]{n^2}}$ 80) $\sqrt[3]{p\sqrt[3]{q\sqrt[3]{r^2}}}$

81) $\sqrt[7]{a^3b\sqrt[5]{ab^7}}$ 82) $\sqrt{a^3\sqrt{a^3\sqrt{a^3}}}$ 83) $a^2\sqrt[4]{a^{-3}\sqrt{ab}}$

84) $\sqrt[-5]{a^3\sqrt[-3]{a}}$ 85) $\sqrt[n]{a^p\sqrt[q]{a^r}}$.

86) Warum ist $\sqrt[3]{a^3+b^3}$ nicht gleich $a+b$?

87) Was muß man zu a^3+b^3 addieren, damit die erhaltene Summe, mit 3 radiziert, $a+b$ gebe?

88) Wenn a und b positive Zahlen sind, so ist $a+b > \sqrt[3]{a^3+b^3}$. Warum?

89) Kann man durch Anwendung der Formel VII das Wurzelzeichen fortschaffen aus: a) $\sqrt[m]{(a+b)^{2m}}$, b) $\sqrt[m]{a^{2m}+b^{2m}}$?

90) Warum braucht weder der Wurzel-Exponent noch der Radikand in eine Klammer eingeschlossen zu werden?

91) Welches Operationszeichen darf man vor dem Wurzelzeichen fortlassen?

92) Welcher von den folgenden Zahl-Ausdrücken hat nach der ursprünglichen Definition der Radizierung keinen Sinn:
a) $\sqrt[4]{\frac{1}{16}}$, b) $\sqrt[5]{5}$, c) $\sqrt[24]{64^4}$, d) $\left(\sqrt[24]{64}\right)^4$, e) $\sqrt[-2]{4}$,
f) $\sqrt[-1]{1,3}$, g) $\sqrt[0]{1}$?

93) Gieb die positiven ganzen Zahlen unter 100 an, welche man sich unter a vorstellen darf, damit $\sqrt[2n]{a}$ nach der ursprünglichen Definition der Radizierung Sinn hat, wenn n eine positive ganze Zahl ist.

Berechne a) ausführlich, b) abgekürzt:

94) $\sqrt[3]{50653}$; 95) $\sqrt[3]{314432}$; 96) $\sqrt[3]{4019679}$; 97) $\sqrt[3]{32157432}$

98) $\sqrt[3]{582182875}$ 99) $\sqrt[3]{5870966464}$ 100) $\sqrt[3]{97,336}$

101) $\sqrt[3]{0,097336}$ 102) $\sqrt[3]{(23\frac{5}{8}-8)1728}$ 103) $\sqrt[3]{\frac{7}{13500}-\frac{1}{4500}}$.

104) Damit ein Dezimalbruch eine dritte Potenz sei, muß die Anzahl seiner Stellen durch drei teilbar sein. Warum?

105) Suche die nächst kleinere Kubikzahl zu: a) 4789, b) 57828, c) 1800, d) 473722, e) 34567234, f) 5755555.

Bestimme die ganze Zahl x, für welche richtig wird:

106) $x^3 < 4000 < (x+1)^3$ 107) $(\frac{x}{10})^3 < 4 < (\frac{x}{10}+\frac{1}{10})^3$

108) $(\frac{x}{100})^3 < 5 < (\frac{x}{100}+\frac{1}{100})^3$ 109) $x^3 < 478934 < (x+1)^3$.

Bestimme einen Bruch x, für welchen richtig wird:

110) $x^3 < 2 < (x+\frac{1}{400})^3$ 111) $x^3 < 2 < (x+\frac{1}{500})^3$

112) $x^3 < \frac{3}{4} < (x+\frac{1}{800})^3$ 113) $x^3 < 3,14 < (x+\frac{1}{200})^3$.

114) Gieb die beiden zweistelligen Dezimalbrüche an, deren dritte Potenzen sich möglichst wenig unterscheiden von a) 54, b) 27,31, c) 4257, d) $\frac{81}{128}$, e) $\frac{289}{625}$.

Ziehe die Kubikwurzel aus:

115) $a^3+6a^2b+12ab^2+8b^3$ 116) $27x^3+9x^2+x+\frac{1}{27}$

117) $8a^6b^3+5a^3b+\frac{25}{24b}+\frac{125}{1728a^3b^3}$

118) $\frac{x^3}{8}-\frac{x^2y}{2}+\frac{2xy^2}{3}-\frac{8y^3}{27}$

119) $8 + 60x + 198x^2 + 365x^3 + 396x^4 + 240x^5 + 64x^6$
120) $a^{12} - 6a^{10} + 13{,}5a^8 - 14a^6 + 6{,}75a^4 - 1{,}5a^2 + 0{,}125$
121) $a^3 + 3a^2b^{-1} + 3a^2c^{-1} + 3ab^{-2} + 3ac^{-2} + b^{-3} + 3b^{-2}c^{-1} + 3b^{-1}c^{-2} + c^{-3} + 6ab^{-1}c^{-1}$
122) $x^{3p} + x^{3q} + 3x^{2p+q} + 3x^{p+2q} + 12x^{2p} + 12x^{2q} + 24x^{p+q} + 48x^p + 48x^q + 64$.
123) Von welchen Zahlen muß man die fünften Potenzen wissen, um aus einer Zahl, die mehr als fünf Ziffern hat, die fünfte Wurzel methodisch ziehen zu können?
124) Bestimme aus der Entwicklung von $(a+b)^5$ die fünfte Wurzel aus: a) 5153632, b) 992436543.
125) Bestimme zwei aufeinanderfolgende ganze Zahlen, zwischen deren a) vierten, b) fünften, c) sechsten Potenzen eine Million liegt.
126) Die siebente Potenz der natürlichen Zahl a hat 8 Ziffern. Wieviel Ziffern hat a selbst?
127) Gieb die Methode an, welche aus der Formel $\sqrt[pq]{a} = \sqrt[p]{\sqrt[q]{a}}$ für die Ausziehung a) der vierten, b) der sechsten, c) der achten, d) der neunten, e) der zwölften Wurzel hervorgeht.
128) Ein zehnjähriger Rechenkünstler wußte die fünften Potenzen der natürlichen Zahlen von 1 bis 9 auswendig. Er wußte ferner, daß die fünfte Potenz jeder Zahl mit derselben Ziffer endigt, wie die Zahl selbst. Wie wor es möglich, daß der Knabe in wenigen Sekunden die fünfte Wurzel aus jeder ihm vorgelegten Zahl angeben konnte, wenn die letztere eine fünfte Potenz war und höchstens zehn Ziffern hatte?
129) Giebt es immer eine ganze oder gebrochene Zahl x, für welche $x^n < a < (x+\varepsilon)^n$, wo a eine beliebige positive Zahl, n eine positive ganze Zahl und ε ein beliebig kleiner Bruch ist?

---

130) Was versteht man unter: a) $\sqrt[3]{7}$, b) $\sqrt[4]{19}$, c) $\sqrt[5]{30}$?
131) a) Schließe $\sqrt[3]{4}$ in zwei Grenzen ein, die sich nur um $\frac{1}{100}$ unterscheiden. b) Warum ist $\sqrt[3]{4}$ eine Irrationalzahl?

Bestimme numerisch auf zwei Dezimalstellen:

132) $\sqrt[3]{2}$ 133) $\sqrt[3]{144}$ 134) $\sqrt[3]{0{,}23}$ 135) $\sqrt[6]{512}$ 136) $\sqrt[4]{18}$

137) $\sqrt[3]{7-5\sqrt{2}}$ 138) $\sqrt[-1]{3{,}1416}$ 139) $\sqrt[-10]{0{,}00032}$.

140) Nach einem Briefe des Eratosthenes an den ägyptischen König Ptolemäos Euergetes (im dritten Jahrhundert vor Chr. Geb.) wollten die Delier, einem Orakelspruche folgend, einer Seuche dadurch ein Ziel setzen, daß sie den würfelförmigen Altar des Apollo verdoppelten und wandten sich in ihrer Ratlosigkeit an Plato. Wie lang mußte die Kante des neuen wieder würfelförmigen Altars gemacht werden, wenn die Kante des alten Altars 3 Ellen betrug? (Delisches Problem.)

Forme so um, daß die numerische Berechnung bequem wird:

141) $\sqrt[6]{2^7 \cdot 14 \cdot 343^2 \cdot \frac{2}{7}}$ 142) $\sqrt[3]{1\frac{39}{64}+2^2-2^{-2}}$ 143) $\sqrt[3]{\sqrt{216}}$

143₁) $\sqrt[7]{\sqrt[3]{128}}$ 144) $\sqrt[3]{\sqrt[4]{\sqrt[3]{32^4 : 2^2}}}$ 145) $\sqrt[3]{7:16}$

146) $5\sqrt[4]{32}+3\sqrt[4]{1250}$ 147) $\frac{1}{2+\sqrt[3]{2}}$ 148) $\frac{\sqrt[3]{9}+\sqrt[3]{7}}{4-\sqrt[3]{63}}$

149) $\sqrt[4]{\frac{17}{4}-3\sqrt{2}}\,(1+\frac{1}{2}\sqrt{2})$ 150) $\sqrt[3]{6\sqrt{3}-10}\,(\sqrt{3}+1)$

151) $\sqrt[5]{41-29\sqrt{2}}\,(\sqrt{2}+1)$.

Bringe auf die Form $f \cdot \sqrt[p]{a^q}$, wo f und a rationale Zahlen sind und $q < p$ ist:

152) $\sqrt[3]{4}\sqrt[5]{8}$ 153) $\sqrt[5]{\frac{1}{2}}\sqrt[10]{16}\sqrt[4]{128}$ 154) $\sqrt[4]{15}\sqrt[12]{375} : \sqrt[6]{405}$

155) $\sqrt{2}\sqrt[4]{2}\sqrt[8]{2}\sqrt[16]{2}$ 156) $\sqrt[-4]{2^9}\sqrt[12]{8^{23}}$.

Bestimme in Wurzelform und numerisch auf zwei Stellen die reellen Wurzeln der Gleichungen:

157) $x^3=7$ 158) $x^3=-7$ 159) $x^4=4$ 160) $x^6=0{,}008$

161) $x^3=1+\sqrt{2}$ 162) $x^{-5}=\frac{1}{6}$ 163) $x^{-5}=-\frac{1}{6}$.

164) Die Zahl x gurchläuft stetig wachsend alle reellen Werte von -1 bis $+1$. Welche Werte durchläuft dann a) x^3, b) x^4, c) x^{52}?

164_1) Die eine reelle Wurzel der Gleichung $x^{14} = a$ ist 2,4. Wie heißt die andere reelle Wurzel?

Entscheide, ob die folgenden Gleichungen zwei, eine oder keine reelle Wurzel haben:

165) $x^4 = -16$ 166) $x^7 = 1 - \sqrt[3]{2}$ 167) $x^8 = \sqrt[3]{2} - 1$

168) $x^{23} = -23$ 169) $x^{-19} = -0{,}19$ 170) $x^3 = (2 - \sqrt[3]{7}) : x^3$.

Löse die Gleichungen:

171) $\left(\sqrt[3]{5} + 1\right)x = 6$ 172) $(x + \sqrt{5})^4 = 25$

173) $3x = 4 - x\sqrt[3]{3}$ 174) $x^2 + 2x\sqrt[5]{2} = \sqrt[5]{128}$

175) $(x + \sqrt[3]{2})^3 = x^3 + 20$. 176) $x^3 + \frac{1}{x^3} = 8{,}125$

177) $x^{10} - 8x^5 = 768$ 178) $\sqrt[3]{x+5} = \sqrt[3]{x} + 1$

179) $\begin{cases} x^2y = 12 \\ xy^2 = 18 \end{cases}$ 180) $\begin{cases} xyz = 24; \; xyu = 6 \\ xzu = 8; \; yzu = 12 \end{cases}$

181) $\begin{cases} x^9 + y^9 = 513 \\ x^3 + y^3 = 9 \end{cases}$ 182) $\begin{cases} (x^2 - xy + y^2)\sqrt{x^2 + y^2} = 520 \\ (x^2 + xy + y^2)\sqrt{x^2 + y^2} = 1480 \end{cases}$

183) $\begin{cases} xyz = 216 \\ xz = y^2 \\ x + y + z = 19 \end{cases}$ 184) $\begin{cases} x^2(x + y + z) = 40 \\ 3y^2(x + y + z) = 270 \\ 4z^2(x + y + z) = 1000. \end{cases}$

§ 37.

Potenzen mit gebrochenen und irrationalen Exponenten.

$$16^{\frac{3}{4}} = \sqrt[4]{16^3} = \left(\sqrt[4]{16}\right)^3 = 8, \quad 7^{\frac{19}{5}} = \sqrt[5]{7^{19}} = 7^3 \cdot \sqrt[5]{7^4};$$

$$a^{\frac{p}{q}} = \sqrt[q]{a^p} = \left(\sqrt[q]{a}\right)^p.$$

---

1) Was bedeutet: a) $16^{\frac{3}{4}}$, b) $a^{\frac{3}{4}}$, c) $a^{0,1}$?

Verwandele in eine Wurzel:

2) $p^{\frac{1}{2}}$ 3) $(pq)^{\frac{5}{4}}$ 4) $(p+q)^{\frac{11}{5}}$ 5) $a^{-\frac{1}{2}}$ 6) $b^{-2,4}$

Berechne:

7) $9^{\frac{1}{2}} + 125^{\frac{2}{3}}$ 8) $1024^{0,7} - 81^{\frac{5}{4}}$ 9) $625^{\frac{3}{4}} \cdot 243^{\frac{3}{5}}$

10) $4^{-\frac{1}{2}} \cdot \left(\frac{1}{25}\right)^{-\frac{3}{2}} : 27^{-\frac{4}{3}}$ 11) $\left(\frac{216}{343}\right)^{-\frac{1}{3}} : \left(\frac{36}{49}\right)^{-1\frac{1}{2}}$

12) $\sqrt[\frac{1}{2}]{7}+\sqrt[\frac{3}{4}]{512}$ 13) $\sqrt[-\frac{4}{5}]{256}\cdot\sqrt[0,4]{1024}$ 14) $\sqrt[-\frac{1}{2}]{\frac{1}{64}}:\sqrt[-2]{64}$.

Berechne auf zwei Dezimalstellen:

15) $3^{\frac{1}{2}}-2^{\frac{1}{2}}$ 16) $4^{\frac{7}{4}}\cdot\left(\frac{32}{49}\right)^{-\frac{1}{2}}$ 17) $(0,32)^{\frac{1}{3}}\cdot(0,00032)^{\frac{3}{5}}\cdot\left(\frac{1}{32}\right)^{-0,1}$

18) $\sqrt[\frac{4}{3}]{25}:\sqrt[\frac{6}{7}]{15\frac{5}{8}}$ 19) $\sqrt[-\frac{1}{2}]{35}\cdot\sqrt[-\frac{3}{2}]{0,008}+\sqrt[-\frac{3}{2}]{7}\cdot\sqrt[\frac{5}{4}]{32}$.

Verwandele in eine Potenz mit gebrochenem Exponenten:

20) $\sqrt[4]{a^5}$, 21) $\sqrt{m^3}$, 22) $\sqrt[3]{c^2}$, 23) $\sqrt[10]{q}$, 24) $\sqrt[-3]{a}$, 25) $\sqrt[\frac{2}{3}]{b}$,

26) $\sqrt[-\frac{2}{3}]{\frac{a}{b}}$, 27) $\sqrt[a]{a}$, 28) $\sqrt[3]{p^{3+q}}$, 29) $\sqrt[4]{(a+b)^{15}}$,

30) $\sqrt[-3]{ab+cd}$, 31) $\sqrt[4]{a^4-b^4}$, 32) $\sqrt[\frac{5}{2}]{\frac{2}{5}a}$, 33) $\sqrt[-\frac{2}{3}]{\frac{1}{a}+\frac{1}{b}}$.

Verwandele mit Anwendung der auf gebrochene Exponenten übertragenen Potenzgesetze in eine Potenz:

34) $p^{\frac{1}{2}}\cdot p^{\frac{1}{4}}$, 35) $p^{\frac{1}{2}}\cdot p^{-\frac{1}{4}}$, 36) $a^{\frac{2}{3}}\cdot a^{\frac{1}{6}}$, 37) $a^{\frac{5}{6}}\cdot a^{\frac{11}{12}}$,

38) $a^{\frac{3}{4}}\cdot a^{-\frac{1}{2}}$, 39) $b^{-1}\cdot b^{-0,1}\cdot b^{\frac{21}{10}}$, 40) $a^{\frac{5}{6}}\cdot\sqrt[6]{a^7}\cdot a^2$,

41) $\left(a^{\frac{1}{2}}b^{\frac{1}{3}}c^{\frac{1}{4}}\right)\left(a^{1\frac{1}{2}}b^{1\frac{2}{3}}c^{-\frac{1}{4}}\right)$, 42) $\sqrt[\frac{4}{3}]{a}\cdot\sqrt[\frac{4}{5}]{a}\cdot a^{\frac{7}{8}}$, 43) $a^{\frac{1}{2}}:a^{\frac{1}{4}}$,

44) $b^{\frac{1}{4}}:b^{\frac{1}{2}}$, 45) $m^{-\frac{1}{2}}:m^{-\frac{1}{4}}:m$, 46) $p^{-\frac{1}{6}}:p^{\frac{5}{12}}:p^0$,

47) $v^{\frac{3}{8}}\cdot\sqrt[4]{v^3}:v^{\frac{1}{2}}$, 48) $v^{0,23}:v^{-0,27}$, 49) $\left(\sqrt[3]{x^4}:x^{\frac{2}{3}}\right)\left(\sqrt[6]{x^5}:\sqrt[12]{x}\right)$,

50) $\sqrt{a}:\sqrt[3]{a}:\sqrt[4]{a}$, 51) $p^{\frac{2}{3}}\cdot q^{\frac{2}{3}}$, 52) $c^{\frac{2}{3}}:d^{\frac{2}{3}}$, 53) $\left(p^{-\frac{1}{2}}\right)^{-\frac{1}{2}}$

54) $\sqrt[5]{a^4}:b^{\frac{4}{5}}:c^{0,8}$, 55) $\left(a^8\right)^{\frac{1}{4}}$, 56) $\left(a^{\frac{1}{2}}\right)^{\frac{2}{3}}$, 57) $\left(\sqrt[3]{a^4}\right)^{\frac{3}{8}}$,

58) $\left(q^{\frac{3}{4}}\right)^{-\frac{4}{9}}$, 59) $\left(a^{\frac{1}{6}}\cdot a^{\frac{1}{3}}\cdot a^{-\frac{1}{2}}\right)^{0,6}$, 60) $\left(a^{\frac{5}{6}}:a^{\frac{1}{12}}\right)^{2\frac{2}{5}}$,

61) $\left(a^4:a^{-3}\cdot\sqrt[3]{a^2}\right)^{\frac{1}{12}}$, 62) $\left(x^{\frac{2}{3}}x^{\frac{3}{4}}:x^{-\frac{4}{5}}\right)^{\frac{20}{19}}$.

63) Beweise die Formel: a) $a^{\frac{p}{q}}:a^{\frac{r}{s}}=a^{\frac{p}{q}-\frac{r}{s}}$, b) $a^{\frac{p}{q}}\cdot b^{\frac{p}{q}}=(ab)^{\frac{p}{q}}$

c) $a^{-\frac{p}{q}}:b^{-\frac{p}{q}}=(a:b)^{-\frac{p}{q}}$, d) $\left(a^{\frac{p}{q}}\right)^{\frac{r}{s}}=a^{\frac{pr}{qs}}$,

e) $\left(a^{-\frac{p}{q}}\right)^{-\frac{r}{s}}=a^{\frac{pr}{qs}}$, f) $\sqrt[\frac{p}{q}]{a}\sqrt[\frac{p}{q}]{b}=\sqrt[\frac{p}{q}]{ab}$, g) $\sqrt[\frac{p}{q}]{a^{\frac{r}{s}}}=\left(\sqrt[\frac{p}{q}]{a}\right)^{\frac{r}{s}}$

64) Welche von den beiden Wurzeln der Gleichung $x^2 = 25$ versteht man unter $25^{\frac{1}{2}}$?

65) Von welcher Gleichung vierten Grades ist $11^{\frac{3}{4}}$ eine Wurzel?

66) Was kann man für $a^{\frac{3}{4}}$ setzen, wenn man weiß, daß $b^{\frac{4}{3}} = a$ ist?

67) Beweise aus $a^0 = 1$ und $\frac{1}{0} = \infty$, daß 1^{∞} vieldeutig ist.

68) Es ist a^{∞} entweder null oder unendlich groß, je nachdem a kleiner oder größer als 1 ist. Ferner ist $\frac{1}{\infty} = 0$. Was für Zeichen sind hiernach 0^0 und ∞^0?

69) Es ist $10^3 < 2^{10}$. Was folgt hieraus für $10^{0,3}$?

70) Welche Potenzen von 2 und von 5 muß man berechnen, um 2 in zwei Grenzen einschließen zu können, welche Potenzen von 5 sind, und Exponenten haben, die sich nur um $\frac{1}{9}$ unterscheiden?

71) Suche eine gebrochene Zahl k, welche die Ungleichung $3^k < 4 < 3^{k+\frac{1}{\omega}}$ erfüllt, wenn a) $\omega = 2$, b) $\omega = 5$, c) $\omega = 6$ ist.

72) Bestimme eine positive oder negative gebrochene Zahl k so, daß richtig wird: a) $9^k < 10 < 9^{k+\frac{1}{4}}$, b) $3^k < \frac{1}{5} < 3^{k+\frac{1}{3}}$, c) $(0,2)^k > 0,75 > (0,2)^{k+\frac{1}{6}}$.

73) a) Ist immer eine rationale Zahl k denkbar, welche die Ungleichung $a^k < b < a^{k+\frac{1}{\omega}}$ erfüllt, wo a und b positive Zahlen sind, und $\frac{1}{\omega}$ ein beliebig kleiner Bruch ist? b) Warum kann die Gleichung $a^x = b$, wo a und b positiv sind, immer erfüllt werden, wenn x irrational sein darf?

74) Welche Werte durchläuft 2^x: a) wenn x von 0 bis $+\infty$ stetig wächst, b) wenn x von 0 bis $-\infty$ stetig abnimmt?

75) Wie ändert sich $(\frac{1}{10})^x$, während x von null an: a) die positive, b) die negative Zahlenreihe durchläuft?

76) Welches Vorzeichen hat x in der Gleichung $a^x = b$, wenn von den beiden positiven Zahlen a und b: a) beide größer als 1 sind, b) beide kleiner als 1 sind, c) die eine größer, die andere kleiner als 1 ist?

76_1) Löse die Gleichungen: a) $4(7 - x^{\frac{1}{5}}) = 2 + 9x^{\frac{1}{5}}$, b) $(8x^{\frac{3}{2}} + 100) : 11 = x^{\frac{3}{2}} - 25$, c) $x + x^{\frac{1}{2}} = 6$, d) $x^{0,75} = (81 + x^{1,5}) : 30$.

77) Welche Gleichung ersten Grades folgt aus $3^{4x-2} = 3^{x+2}$?

Exponential-Gleichungen.

Auf Gleichungen ersten Grades zurückführbar:

78) $2^{x+5} = 2^3$ 79) $5^{12} = 5^{2(x-4)}$ 80) $11^{2x+3} = 11^{x+4}$.

81) $b^{2x+3} = b^{x-4}$ 82) $\sqrt[4]{17^{16-x}} = \sqrt[3]{17^{x-2}}$

83) $\sqrt[x-3]{19^5} = \sqrt[x-6]{19^2}$ 84) $2^x = 8$ 85) $4^x = 1024$

86) $2968^x = 1$ 87) $9 \cdot 3^{x+1} = 27^{x-1}$ 88) $(0,25)^x = 4^{3x-2}$

89) $1 : 3^{3x} = 81^{x+14}$ 90) $\sqrt{2^{x+1}} = \sqrt[7]{(0,5)^{1-4x}}$.

91) $\begin{cases} 11^x \cdot 11^y = 11^{10} \\ x - y = 6 \end{cases}$ 92) $\begin{cases} 17^x : 17^y = 17 \cdot 289 \\ 2^x \cdot 2^y = 128 \end{cases}$

93) $\begin{cases} a^{x+2y} \cdot a^{x+y} = a^{18} \\ b^{2x+y} \cdot b^{x+y} = b^{4y+1} \end{cases}$

94) $\begin{cases} \sqrt[3]{\pi^{6x+y}} = \sqrt[7]{\pi^{3(y+x)} \cdot \pi^7} \\ \sqrt[5]{\pi^{3x+2y}} = \sqrt[8]{\pi^{4y}} \end{cases}$ 95) $\begin{cases} \sqrt[a+b]{25^x} = \sqrt[\frac{a+b}{2}]{5} \cdot \sqrt[a-b]{25^y} \\ \sqrt[a+b]{5^x} \cdot \sqrt[a-b]{5^y} = \sqrt[2(a-b)]{25} \end{cases}$

96) $\begin{cases} 4^x \cdot 4^y \cdot 5 = 320 \\ 3^x \cdot 3^z \cdot 27^{-1} = 3 \\ 2^y \cdot 2^z \cdot 8 = 16^2 \end{cases}$ 97) $\begin{cases} 2^x : 2^y = 4^a : 4^b \\ 3^x : 3^z = 9^a : 3^{2c} \\ 4^y \cdot 4^z \cdot 16^a = 1. \end{cases}$

Auf Gleichungen zweiten Grades zurückführbar:

98) $10^{(x-3)(x+15)} = 1$ 99) $8^{x^2} = 4 \cdot 32^x$ 100) $\sqrt[x]{11} = 11^x$

101) $\sqrt[x-1]{16}\ \sqrt[x-4]{2} = \sqrt[x-2]{8}\ \sqrt[x-3]{4}$ 102) $\sqrt[x-1]{5} = 5^{x+2}$

103) $(a^x)^{3x+2} = (\sqrt{a})^{x+26} \cdot a^2$,

104) $\sqrt[2+x]{a^{1+x}} \cdot \sqrt[3+x]{a^{2+x}} = \sqrt[5+x]{a^{4+x}} \cdot \sqrt[4+x]{a^{3+x}}$

105) $\begin{cases} 10^{(x+2)^3} = 10^{98} \cdot 10^{(y+2)^3} \\ 2^{x+2} = 4 \cdot 2^{y+2} \end{cases}$ 106) $\begin{cases} 3^{x+1} = 9^{y+1} \\ 2^{x^2+1} = 32^{y^2+1}. \end{cases}$

107) Da bei der Potenzierung das Vertauschungsgesetz nicht gilt, so ist $x^y = y^x$ eine Bestimmungsgleichung, aus welcher unzählig viele Wertepaare von x und y folgen müssen. Sollen x und y verschiedene ganze Zahlen sein, so genügt jener Gleichung nur $x = 2$, $y = 4$ und umgekehrt. Dieses Wertepaar und unzählig viele andere rationale Wertepaare kann man, wie Euler zuerst zeigte, auf folgende Weise methodisch bestimmen. Man setze $x = y \cdot z$. Dann ergiebt die vorgelegte Gleichung $(yz)^y = y^{yz}$ oder $(yz)^y = (y^z)^y$,

woraus $yz = y^z$ geschlossen werden darf. Dividiert man nun durch y und potenziert dann mit $\frac{1}{z-1}$, so erhält man $y = z^{\frac{1}{z-1}}$, also $x = z^{\frac{1}{z-1}} \cdot z = z^{\frac{1}{z-1}+1} = z^{\frac{z}{z-1}}$. Um hieraus rationale Werte zu erhalten, setze man $v = \frac{1}{z-1}$. Dann kommt $x = (1 + \frac{1}{v})^{v+1}$, $y = (1 + \frac{1}{v})^v$. Hieraus ergiebt sich z. B., wenn man v = 2 setzt, $x = (\frac{3}{2})^3 = \frac{27}{8}$, $y = (\frac{3}{2})^2 = \frac{9}{4}$. In der That ist $(\frac{27}{8})^{\frac{9}{4}} = (\frac{3}{2})^{\frac{27}{4}} = (\frac{9}{4})^{\frac{27}{8}}$. Prüfe ebenso die Werte, welche sich aus: a) v = 1, b) v = 3, c) v = 4, d) v = — 3 ergeben.

§ 38.

Logarithmen.

Erste Definitionsformel: I) $b^{\overset{b}{\log} a} = a$, **oder:**

Es sagt $\overset{b}{\log} a = n$ **aus, daß** $b^n = a$ **sein soll.**

Zweite Definitionsformel: II) $\overset{b}{\log}(b^n) = n$;

Speziell: $\overset{b}{\log} b = 1$, $\overset{b}{\log} 1 = 0$.

III) $\log(pq) = \log p + \log q$, **IV)** $\log(p:q) = \log p - \log q$;

Va) $\log(p^m) = m \cdot \log p$, **Vb)** $\log \sqrt[m]{p} = \frac{1}{m} \log p$;

VIa) $\overset{b}{\log} a = \frac{\overset{c}{\log} a}{\overset{c}{\log} b}$, **VIb)** $\overset{b}{\log} a = \frac{1}{\overset{a}{\log} b}$

Definition.

1) Was bedeutet: a) $\overset{6}{\log} 216$, b) $\overset{6}{\log} \frac{1}{216}$, c) $\overset{v}{\log} w$?

2) Schreibe mit Benutzung des Zeichens log: a) $5^4 = 625$, b) $10^5 = 100000$, c) $\left(\frac{4}{9}\right)^2 = \frac{16}{81}$, d) $\left(\frac{4}{9}\right)^{\frac{1}{2}} = \frac{2}{3}$, e) $4^{-1} = \frac{1}{4}$, f) $(0{,}0016)^{\frac{3}{4}} = 0{,}008$, g) $(0{,}0016)^{-\frac{3}{4}} = 125$, h) $p^{-m} = q$, i) $\sqrt[5]{32} = 2$, k) $\sqrt[13]{1} = 1$, l) $\sqrt[-4]{16} = \frac{1}{2}$.

3) Schreibe in Potenzform: a) $\overset{3}{\log} 81 = 4$, b) $\overset{2}{\log} 512 = 9$, c) $\overset{0,7}{\log} 0{,}343 = 3$, d) $\overset{4}{\log} 2 = 0{,}5$, e) $\overset{11}{\log} \frac{1}{1331} = -3$,

f) $\overset{2,25}{\log}\frac{8}{27} = -\frac{3}{2}$, g) $\overset{a}{\log}(a^2) = 2$, h) $\overset{5}{\log}(25^n) = 2n$,
i) $\overset{-1}{\log}\frac{p}{q} = \frac{q}{p}$.

4) Welches sind für die Basis 3 die Logarithmen von: a) 9, b) 27, c) 3, d) 729, e) 1, f) $\frac{1}{3}$, g) $\frac{1}{27}$, h) $\sqrt{3}$, i) $\sqrt[5]{9}$, k) $\sqrt[11]{\frac{1}{81}}$?

5) Welches sind für die Basis 0,4 die Logarithmen von: a) $\frac{4}{25}$, b) 0,064, c) 2,5, d) $39\frac{1}{16}$, e) $1 : 39\frac{1}{16}$?

6) Welches ist bei der Basis $\frac{1}{2}$ der Numerus zu: a) 2, b) 8, c) -4, d) 1, e) 0?

7) Bei welcher Basis ist richtig: a) $\log 64 = 8$, b) $\log 64 = 4$, c) $\log \frac{1}{36} = -2$, d) $\log \frac{2}{3} = 3\frac{3}{8}$, e) $\log 1 = 0$?

8) Vereinfache mit Benutzung der Definition der Logarithmierung: a) $\overset{p}{\log}(p^m)$, b) $\overset{a}{\log}(a^{p+q})$, c) $\overset{a}{\log}(a^3 \cdot a^5)$, d) $\overset{a}{\log}\left[(a^3)^5\right]$, e) $b^{\overset{b}{\log}(p+q)} - b^{\overset{b}{\log}p}$, f) $(\sqrt{a})^{\overset{a}{\log}c}$.

9) Wie müßte man a) $(-4)^2 = +16$, b) $(-4)^3 = -64$, c) $(-1)^{-1} = -1$ logarithmisch schreiben, wenn man auch negative Logarithmen-Basen betrachten wollte?

10) Warum kann $\overset{4}{\log}(-16)$ nicht reell sein?

11) Warum hat a) $\overset{1}{\log}1$, b) $\overset{0}{\log}0$ unzählig viele Werte?

12) Warum ist $\overset{1}{\log}a = \infty$?

13) Gieb rationale Zahlen an, deren Logarithmen auch rational sind, wenn die Basis a) 2, b) $\frac{1}{2}$, c) 10, d) 0,2 ist.

14) Zwischen welchen aufeinanderfolgenden ganzen Zahlen liegt: a) $\overset{2}{\log}7$, b) $\overset{6}{\log}200$, c) $\overset{7}{\log}0{,}002$?

15) Entscheide, ob rational oder irrational ist: a) $\overset{18}{\log}324$, b) $\overset{9}{\log}27$, c) $\overset{10}{\log}500$, d) $\overset{1,5}{\log}3\frac{3}{8}$.

16) Es ist $10^{10} < 11^{10} < 10^{11}$. Gieb hiernach für $\overset{10}{\log}11$ zwei Grenzen an, die sich um $\frac{1}{10}$ unterscheiden.

17) Die Zahl 3^{100} liegt zwischen 10^{47} und 10^{48}. Berechne hiernach den dekadischen Logarithmus von 3 auf zwei Dezimalstellen.

18) Die Zahl 15^{100} wird dekadisch mit 118 Ziffern geschrieben. Berechne hiernach $\overset{10}{\log}15$ auf 2 Stellen.

19) Es ist $7^5 = 16807$, ferner $2^{14} = 16384$. Schließe hiernach a) $\overset{7}{\log}\, 2$, b) $\overset{2}{\log}\, 7$ in zwei möglichst nahe Grenzen ein.

20) a) Wenn $b > 1$ und $y > 1$ ist, so ist $\overset{b}{\log}\, y$ positiv. Warum?

b) Wenn $b > 1$ und $y < 1$ ist, so ist $\overset{b}{\log}\, y$ negativ. Warum?

c) Wenn $b < 1$ und $y > 1$ ist, so ist $\overset{b}{\log}\, y$ negativ. Warum?

d) Wenn $b < 1$ uud $y < 1$ ist, so ist $\overset{b}{\log}\, y$ positiv. Warum?

21) Wie ändert sich: a) falls $b > 1$ ist, b) falls $b < 1$ ist, $\overset{b}{\log}\, y$, wenn y alle Werte von 0 bis 1 und dann alle Werte von 1 bis 8 durchläuft?

22) Bei was für Basen ist: a) $\log 0 = -\infty$, b) $\log 0 = +\infty$?

23) Bei welcher Basis ist der Logarithmus von 1 vieldeutig und der Logarithmus jeder andern Zahl unendlich groß?

25) Verknüpfe durch jede der sieben arithmetischen Operationen die Zahlen 64 und 2 derartig, daß immer 64 die passive Zahl, 2 die aktive Zahl wird, und berechne die erhaltenen Ausdrücke.

Formeln.

26) Sprich die Formeln III bis Vb in Worten aus: a) vorwärts, b) rückwärts.

27) Beweise die Formel IV: a) mit Hilfe der Definition des Logarithmus, b) mit Hilfe der Definition der Division und mit Anwendung von Formel III.

28) Welche Potenzformel muß man anwenden, um die Formel Va zu beweisen?

29) Wie muß man $\sqrt[m]{p}$ schreiben, wenn man Formel Vb direkt aus Formel Va ableiten will?

30) Welche Formel könnte man kurz so aussprechen: „Einen Logarithmus mit einer Zahl multiplizieren heißt, den Logarithmandus mit derselben Zahl potenzieren"?

31) Warum ist $\log \frac{1}{q} = -\log q$?

32) Gelten die Formeln III bis Vb auch, wenn man bei den Zeichen log p und log q: a) die Basis $7\frac{1}{2}$, b) die Basis $\frac{1}{4}$ hinzudenkt?

33) Drücke $\overset{3}{\log}\, 7$ durch zwei Logarithmen aus, die der Basis 10 angehören.

34) Es ist ${}^{2}\log 10$ nahezu gleich $3\frac{1}{3}$. Welcher Bruch kann demnach näherungsweise für ${}^{10}\log 2$ gesetzt werden?

Logarithmiere mit Anwendung der Formeln III bis Vb die Ausdrücke:

35) $pqrs$, 36) $(pq):(rs)$, 37) $31ab:c$, 38) $4a(b+c)$,

39) $\frac{abc}{d}$, 40) $\frac{(a+b)f}{(c-d)g}$, 41) $\frac{a:b}{c:d}$,

42) ab^3, 43) $(ab)^3$, 44) $a^4b^3c^2d$, 45) $\frac{a^5b^7c^9}{d^{11}c^{13}}$,

46) $\frac{(a^2bc)^3}{(c^4d)^5}$, 47) $\frac{(a+b)^2c^4d^9}{(e+f)^{24}}$, 48) $\frac{a^{-3}b^4c}{d^{-7}}$, 49) $\sqrt[4]{ab}$,

50) $\sqrt[3]{(a+b)(a-b)}$, 51) $\sqrt{a^2-b^2}$, 52) $a\sqrt[3]{b}\sqrt[5]{c}:\sqrt[7]{d}$,

53) $\frac{\sqrt[6]{ab^5}\sqrt[7]{c^6d}}{\sqrt[11]{e^8f}}$, 54) $\frac{a^3x\sqrt[3]{y}}{b^3\sqrt{x+y}}$, 55) $\frac{27a^4\sqrt{bc}}{5p^4\sqrt[5]{q}}$,

56) $\sqrt[7]{\frac{a+b}{a-b}}$, 57) $\frac{1}{a\sqrt{bcd}}$ 58) $\frac{a^{\frac{3}{4}}b^{\frac{2}{5}}}{c^{\frac{1}{2}}}$,

59) $\left[(a^4b^5)^{-\frac{3}{2}}:(pq)^5\right]^3$, 60) $\sqrt[7]{a^{-\frac{1}{2}}b^{0,1}:(c^{0,25}d^{-\frac{1}{6}})}$.

Verwandele in einen Logarithmus:

61) $\log p + \log q - \log r$, 62) $\log a - \log b + \log c$,
63) $\log a - (\log b + \log c)$, 64) $3\log a + 4\log b$,
65) $5\log c + 6\log d - 3\log e$, 66) $\frac{1}{2}\log a - (\frac{1}{3}\log b + \frac{1}{4}\log c)$,
67) $\frac{11}{2}\log(a+b) + \frac{3}{4}\log(a-b)$, 68) $15\log p - \frac{1}{3}(\log q + 2\log r)$,
69) $-\log p + \log\frac{1}{p+q}$, 70) $\log(x-y) + \log(x^2+xy+y^2)$,
71) $\log(a^3+b^3) - \log(a+b)$, 72) $\log\frac{a^2}{b^3} - \log\frac{a^2}{c^3} + 3\log\frac{b}{c}$.

73) Es ist für die Basis zehn $\log 2 = 0,30103$ und $\log 3 = 0,47712$. Berechne hieraus für die Basis zehn: a) $\log 6$, b) $\log 12$, c) $\log 18$, d) $\log 1024$, e) $\log 324$, f) $\log 5$, g) $\log 25$, h) $\log 0,6$, i) $\log 2,5$, k) $\log 1,024$, l) $\log 0,0012$, m) $\log 3\frac{3}{4}$, n) $\log 0,243$, o) $\log(2^{30}\cdot 3^{40}:25^{20})$.

74) Beweise, daß $\log(a+b) = \log a + \log\left(1+\frac{b}{a}\right)$ ist.

75) Berechne: a) ${}^{2}\log 3$, b) ${}^{2}\log 9$, c) ${}^{4}\log 3$, d) ${}^{4}\log 9$ aus ${}^{10}\log 2 = 0,30103$ und ${}^{10}\log 3 = 0,47712$.

Benutzung der Tafeln.

76) Wie heißt die Kennziffer des dekadischen Logarithmus von: a) 47, b) 4700, c) 4573698, d) 3,478, e) 9,99, f) 0,123, g) 0,0123, h) 0,00123, i) 0,000002?

77) Beweise, daß die dekadische Kennziffer jeder ganzen Zahl um 1 kleiner ist, als diese Zahl im dekadischen Ziffernsystem Ziffern hat.

78) Beweise, daß der Logarithmus eines Dezimalbruchs, bei welchem vor dem Komma eine m-ziffrige Zahl steht, die Kennziffer m — 1 hat.

79) Beweise, daß der dekadische Logarithmus eines Dezimalbruchs, bei welchem vor dem Komma Null steht und nach dem Komma m Nullen, aber nicht weniger als m Nullen stehen, die Kennziffer — (m + 1) hat.

80) Es ist log 30 = 1,47712. Wie groß ist a) log 3, b) log 3000, c) log 0,3, d) log 0,003, e) log $\frac{1}{3}$?

81) Man kennt die Mantisse des Logarithmus von 0,057. Wie kann man nun log 570 berechnen?

82) Wieviel andere ganze Zahlen unter 100000 haben dieselbe Mantisse wie die Zahl a) 2, b) 23, c) 40, d) 576?

83) Es ist log 4 = 0,60206, also log $\frac{1}{4}$ = — 0,60206. Was hat man nun zu thun, um log $\frac{1}{4}$ so darzustellen, daß die Mantisse positiv wird?

84) Jemand weiß log 7 = 0,845 und log 8 = 0,903 auf drei Stellen auswendig, und möchte hieraus, wenigstens auf zwei Stellen, die Logarithmen der ganzen Zahlen von 71 bis 79 wissen. Wie hat er zu rechnen?

85) Zu einem Logarithmus, der mit den Ziffern 335 schließt, soll der Numerus mit Hilfe der Tafeln bestimmt werden. Der in der Tafel befindliche nächst kleinere Logarithmus schließt mit den Ziffern 317, der nächst größere mit den Ziffern 389. Wie hat man nun zu rechnen?

86) Womit muß man die Logarithmen des dekadischen Systems sämtlich multiplizieren, um die Logarithmen des hexadischen Systems zu erhalten?

87) Welche Logarithmen-Basis würde beim Rechnen im dodekadischen Ziffersystem die geeignetste sein?

Entnimm der Logarithmen-Tafel (ohne Interpolation):

88) log 7, 89) log 70, 90) log 66, 91) log 6,6
92) log 1197, 93) log 0,1197, 94) log 1248000.

Bestimme aus der Logarithmen-Tafel (durch Interpolation):

95) log 1579,2 96) log 8,7819, 97) log 0,17202
98) log 4978300, 99) log 57,654, 100) log 0,0053789.

Bestimme den Numerus x (ohne Interpolation) für:

101) $\log x = 5{,}30103$ 102) $\log x = 0{,}77401$
103) $\log x = 1{,}51055$ 104) $x = N\,0{,}80625$
105) $x = N(0{,}77517-1)$ 106) $x = N\,(0{,}97345-4)$.

Bestimme den Numerus (mit Interpolation) für:

107) $\log x = 3{,}79241$ 108) $\log x = 0{,}80418 - 3$
109) $x = N\,0{,}03516$ 110) $x = N\,(0{,}00999-1)$.

Ununterbrochene logarithmische Berechnungen.

111) $0{,}48430 \cdot 1{,}942$ 112) $0{,}82282 \cdot 2{,}9004$
113) $5{,}2909 \cdot 0{,}68791$ 114) $493{,}2 \cdot 4{,}1935$

115) $\frac{0{,}9425}{0{,}13001}$ 116) $\frac{819{,}09}{45{,}891}$ 117) $\frac{0{,}067591}{0{,}00049}$

118) $\frac{1}{3{,}1416}$ 119) $0{,}957001 \cdot 7{,}3812 \cdot 3{,}1867$

120) $\frac{57{,}777 \cdot 1{,}0475 \cdot 10{,}191}{104{,}19}$ 121) $\frac{41{,}26 \cdot 4{,}227 \cdot 0{,}047}{1{,}7452 \cdot 0{,}45749}$

122) $\frac{47{,}857 \cdot 24{,}2 \cdot 0{,}26686 \cdot 0{,}609 \cdot 57 \cdot 1024}{73 \cdot 79{,}49 \cdot 73{,}759 \cdot 0{,}789 \cdot 4{,}701 \cdot 0{,}00064 \cdot 1600000}$

123) $(0{,}4126)^{11}$ 124) $(0{,}98769)^{20}$ 125) $(3{,}1416)^{3}$

126) $\sqrt{2}$ 127) $\sqrt[3]{10}$ 128) $\sqrt{4789{,}2}$ 129) $\sqrt[3]{786960}$

130) $\sqrt[7]{0{,}99954}$ 131) $\sqrt[10]{11}$ 132) $\sqrt[10]{17}$ 133) $\sqrt[17]{77777}$

134) $\sqrt{17{,}11 \cdot 13{,}15}$ 135) $\sqrt[4]{17{,}11 \cdot 13{,}15}$

136) $\sqrt[6]{\frac{2{,}7183 \cdot 3548{,}2}{1{,}0325}}$ 137) $\sqrt[8]{25\tfrac{2}{5} \cdot 102\tfrac{3}{8} \cdot 40\tfrac{2}{3} \cdot 2\tfrac{1}{2}}$

138) $\left[\frac{\sqrt{0{,}99998}\ \sqrt[3]{0{,}99998}}{\sqrt[4]{17} \cdot \sqrt[5]{2768{,}4}}\right]^2$ 139) $\frac{(40404)^2\ \sqrt[5]{78302}}{7^{13} \cdot \sqrt[4]{45678}}$

140) $(4{,}7185 \cdot 9{,}326)^{\frac{3}{4}}$ 141) $(41{,}379)^{-\frac{2}{3}}$

142) $\left(\frac{4}{7}\right)^{0{,}24}$ 143) $\left(\sqrt[3]{1{,}02}\right)^{7{,}8}$ 144) $(0{,}003)^{-\frac{1}{10}}$

145) $\left(\frac{11{,}111}{0{,}237}\right)^{-0{,}9}$ 146) $\sqrt[3]{-100}$ 147) $\sqrt[5]{-20{,}001}$.

Unterbrochene logarithmische Berechnungen.

148) Mit Hilfe des Zeichens N für den Numerus eines Logarithmus kann man den Weg der logarithmischen Berechnung von Ausdrücken, die auch Additionen und Subtraktionen enthalten, verdeutlichen. Z. B. $x = \sqrt{a^2 + b^2} = N\,\frac{1}{2}\log\,(N\,2\log a + N\,2\log b)$, $x = (a\sqrt[3]{b} - cd : e)^5 = N\,5\log\,[N\,(\log a + \frac{1}{3}\log b) - N\,(\log c + \log d - \log e)]$. Verdeutliche in ähnlicher Weise die Berechnung von:

a) $\sqrt[4]{a^4 + b^4 + c^4}$, b) $r \cdot \frac{q^n - 1}{q - 1}$, c) $\sqrt{11 + 3\sqrt{37}}$,

d) $\left(a^{\frac{2}{3}} - b^{\frac{2}{3}} + c^{\frac{2}{3}}\right)^3$.

Berechne logarithmisch:

149) $\frac{1}{4}\sqrt{10 - 2\sqrt{5}}$ 150) $\sqrt{2 - \sqrt{2 - \sqrt{3}}}$

151) $\sqrt{(4{,}7832)^2 + (5{,}0123)^2}$ 152) $\sqrt[8]{\sqrt[5]{7} + 217\sqrt[3]{11}}$

153) $\sqrt[4]{\frac{23254\sqrt[3]{779} - 17\sqrt[4]{17}}{26{,}054}}$ 154) $\sqrt[11]{\sqrt[11]{11} + \sqrt[10]{112}}$

155) $13\sqrt[13]{\frac{\sqrt[13]{13} + \sqrt[17]{17}}{\sqrt[9]{9}}}$ 156) $\sqrt[3]{\left(\sqrt{\frac{4}{5}} + \sqrt[3]{\frac{5}{6}} + \sqrt[4]{\frac{6}{7}}\right)\sqrt[5]{\frac{7}{8}}}$.

157) Berechne den Ausdruck $\sqrt[22]{\sqrt{68} - \sqrt{1700} + \sqrt{10625}}$, nachdem derselbe so umgeformt ist, daß die logarithmische Rechnung nicht durch Aufschlagen des Numerus unterbrochen zu werden braucht.

158) Mit Hilfe von trigonometrischen Funktionen kann man die logarithmische Rechnung oft abkürzen. Ist z. B. $x = \sqrt[p]{a^q + b^q}$ zu berechnen, so bestimmt man zuerst den Winkel φ aus $\operatorname{tg}^2\varphi = \left(\frac{b}{a}\right)^q$, und darauf x aus

$x = \sqrt[p]{\frac{a^q}{\cos^2\varphi}}$. Berechne in dieser Weise:

a) $x = \sqrt{(115,276)^2 + (0,39765)^2}$, b) $x = \sqrt[10]{\sqrt{54689} + \sqrt{765432}}$.

Substitutionsberechnungen und eingekleidete Aufgaben.

159) Berechne auf bequemste Weise $\sqrt{c^2 - d^2}$ für: a) $c = 4,732$, $d = 3,198$, b) $c = 11,231$, $d = 2,5678$, c) $c = 0,0123$, $d = 0,00658$.

160) Berechne $\sqrt{\frac{1}{a} + \frac{1}{b}}$ für $a = 0,69874$, $b = 3,7324$.

161) Berechne die mittlere Proportionale zwischen a) 27356 und 29438, b) 10^{11} und 11^{10}, c) $\sqrt[3]{4}$ und $\sqrt[4]{3}$.

162) Berechne das harmonische Mittel zu 23478 und 30106.

163) Wenn $ax^2 + bx + c = 0$ ist, so ist $x = -\frac{b}{2a} \pm \frac{b}{2a}\sqrt{1 - \frac{4ac}{b^2}}$. Berechne die beiden Werte von x logarithmisch: a) für $a = 7,3250$, $b = 8,2713$, $c = -3,4761$, b) für $a = 1,201$, $b = 9,876$, $c = 0,87643$.

164) Wenn die Seiten eines Dreiecks a *m*, b *m*, c *m*, lang sind, und sein Inhalt J *qm* beträgt, so ist $J = \sqrt{s(s-a)(s-b)(s-c)}$, wo $s = \frac{1}{2}(a+b+c)$ ist. Wie groß ist J, wenn $a = 224,73$, $b = 581,97$, $c = 791,74$ ist?

165) Sind b und c zwei Seiten eines Dreiecks, t die von ihrem Schnittpunkt ausgehende Schwerpunkts-Transversale, so ist der Inhalt J des Dreiecks durch die Formel $J = \sqrt{u(u-2t)(u-b)(u-c)}$ bestimmt, wo $u = \frac{1}{2}(b+c+2t)$ ist. Wie groß ist J, wenn $t = 19,876$, $b = 22,375$, $c = 23,75$ ist?

166) Aus den drei Seiten a, b, c eines Dreiecks erhält man den Radius r des umbeschriebenen Kreises durch die Formel $r = \frac{abc}{4\sqrt{s(s-a)(s-b)(s-c)}}$, den Radius ϱ des einbeschriebenen Kreises durch die Formel $\varrho = \sqrt{\frac{(s-a)(s-b)(s-c)}{s}}$, die Halbierungslinie m des Gegenwinkels von a durch die

Formel $m = \frac{\sqrt{bc}}{\frac{1}{2}(b+c)} \cdot \sqrt{s(s-a)}$, wo s immer = $\frac{1}{2}(a+b+c)$ ist. Berechne hiernach für a = 9,287, b = 7,654, c = 3,456: a) den Radius r, b) den Radius ϱ, c) die Winkelhalbierende m.

167) Beträgt der Radius einer Kugel r *m*, so beträgt ihr Volumen $\frac{4}{3}r^3\pi$ *cbm*, wo $\pi = 3{,}1416$ ist. Wieviel Liter Gas faßt also ein kugelförmiger Luftballon, dessen Radius 0,98751 *m* lang ist?

168) Wenn an einem Orte der Barometerstand B *mm* und gleichzeitig an einem tiefer gelegenen Orte b *mm* beträgt, so liegt bei Vernachlässigung der Temperatur-Differenzen der erstere Ort 18382 (log b — log B) Meter höher als der zweite. Wie hoch ist hiernach der Turm der Nikolaikirche in Hamburg, wenn das Barometer an seinem Fuße 771,87 *mm* und gleichzeitig an seiner Spitze 758,05 *mm* zeigte?

169) Nach dem dritten Kepplerschen Gesetze verhalten sich die Quadrate der Umlaufszeiten zweier Planeten wie die Kuben ihrer mittleren Entfernungen von der Sonne. Wievielmal soweit als die Erde ist hiernach der Neptun von der Sonne entfernt, da seine Umlaufszeit 60117 Tage, die der Erde aber nur 365,24 Tage beträgt?

Berechnungen mit zweimaligem Übergange zum Logarithmus.

170) $(1{,}00011)^{18832}$ 171) $\sqrt[111]{111111}$ 172) $(2{,}7183)^{\frac{1}{2{,}7183}}$

173) Bei welcher Basis ist $\log(10^{443}) = 98975$?

Berechne mit Anwendung der Formel VIa:

174) $\overset{9}{\log}\, 181$ 175) $\overset{11}{\log}\, 40$ 176) $\overset{0,2}{\log}\, 3\frac{3}{4}$

177) $\overset{a}{\log}\,(a+1)$ für $a = 3{,}1416$.

Große Zahlen.

178) Mit wieviel Ziffern müßte der Wert von 9^{9^9} geschrieben werden?

179) Wieviel Millimeter ist ein Stern von uns entfernt, dessen Licht eine Million Jahre braucht, um zu uns zu gelangen? (Das Licht legt in einer Sekunde 298000 *km* zurück.)

180) Die Wirkung des Sonnenlichtes auf der Erde ist gleich der von 60000 Stearinkerzen in 1 *m* Entfernung. Nun nimmt aber die Lichtwirkung proportional dem Quadrate der Entfernung ab. Wieviel Stearinkerzen senden daher zusammen soviel Licht aus, wie die Sonne? (Die Entfernung der Erde von der Sonne beträgt 150 Millionen Kilometer.)

181) Welche Länge wäre nur erforderlich, um hintereinander die Ziffern der Zahl zu schreiben, die angiebt, wieviel Mikrokokken eine Kugel enthielte, deren Centrum die Erde ist, deren Oberfläche durch den Sirius geht, und die in jedem Kubikmillimeter eine Billion dieser kleinen Organismen beherbergte? (Der Sirius ist von der Erde $134\frac{1}{2}$ Billion *km* entfernt. Es soll angenommen werden, daß 25 hintereinander geschriebene Ziffern ein Dezimeter geben. Das Volumen einer Kugel, deren Radius r *m* lang ist, beträgt $\frac{4}{3} r^3 \pi$ *cbm*, wo $\pi = 3{,}1416$ ist.)

182) Man denke sich die sämtlichen Mikrokokken, von deren Anzahl in Nr. 181 die Rede war, einzeln auf einer geraden Linie so verteilt, daß je zwei Mikrokokken um eine Siriusweite (gleich $134\frac{1}{2}$ Billion Kilometer) entfernt sind. Die so bestimmte, lange Strecke denke man sich als Durchmesser eines Kreises und die Peripherie dieses Kreises dadurch berechnet, daß man den Durchmesser mit π multipliziert. Wieviel Stellen brauchte man von π nur zu kennen, um zu erreichen, daß die so berechnete Peripherie sich von der wirklichen Peripherie noch nicht um ein Milliontel Millimeter unterscheidet? (Thatsächlich kennt man von π mehr Stellen, nämlich über 500.)

Exponential-Gleichungen.

183) $\sqrt[x]{17^{3x-5}} = \sqrt[4x]{11^{8x+9}}$ 184) $13^{5^x} = 5^{13^x}$

185) $8^{3x+2} + 5^{x-2} = 8^{3x+4} - 25^{\frac{x}{2}+12}$

186) $7^x + 7^{x+1} + 7^{x+2} = 5^x + 5^{x+2} + 5^{x+4}$

187) $a^x b^x = c^x$ 188) $a^{5x-3} b^{4(x-1)} = c^{6x-7}$

189) $a^{px+q} b^{rx+s} = a^{(p-1)(x-q)} b^{(r-1)(x-s)}$.

190) $\begin{cases} 10^x \cdot 5^y = 71\,860 \\ x + 4 = y \end{cases}$ 191) $\begin{cases} 2^x \cdot 3^y = 15\,650 \\ 4^x : 3^y = 27\,865 \end{cases}$

192) $\begin{cases} \sqrt[x]{x+y} = 4 \\ (x+y) \cdot 2^x = 32768 \end{cases}$ 193) $\begin{cases} a^x b^y = c \\ d^x e^y = f \end{cases}$ 194) $\begin{cases} x^y = y^x \\ b^x = a^y. \end{cases}$

---

195) $2^{x(x-1)} \cdot 3^{x(x+1)} \cdot 4^{-2x} = 81$ 196) $\sqrt[x+1]{3} = 2^{x-1}$

197) $\sqrt[x]{3} \cdot \sqrt[x+1]{5} \sqrt[x+2]{7} = 1$ 198) $x^{\log x} = 200$

199) $x^{\log x} = 1000x^2$ 200) $x^{a+b \log x} = c.$

Bei jeder der sieben in § 6, § 7, § 10, § 11, § 35, § 36 und hier in § 38 definierten und eingehend behandelten arithmetischen Operationen kann man die beiden durch die Operation verknüpften Zahlen als aktive und passive unterscheiden. Man operiert mit der aktiven Zahl an der passiven Zahl, wie die folgende Tabelle zeigt, wo immer 64 die passive, 2 die aktive Zahl heißt:

Name der Operation	Beispiel	Die passive Zahl, hier 64, nennt man	Die aktive Zahl, hier 2, nennt man	Das Resultat nennt man
Addition	$64 + 2 = 66$	Augendus (Summand)	Inkrement (Summand)	Summe
Subtraktion	$64 - 2 = 62$	Minuendus	Subtrahent (Subtrahend)	Differenz
Multiplikation	$64 \cdot 2 = 128$	Multiplikandus (Faktor)	Multiplikator (Faktor)	Produkt
Division	$64 : 2 = 32$	Dividendus	Divisor	Quotient
Potenzierung	$64^2 = 4096$	Potenz-Basis	Potenz-Exponent	Potenz
Radizierung	$\sqrt[2]{64} = 8$	Radikandus	Wurzel-Exponent	Wurzel
Logarithmierung	${}^{2}\log 64 = 6$	Logarithmandus (Numerus)	Logarithmen-Basis	Logarithmus

Wie hierbei aus jeder der drei direkten Operationen Addition, Multiplikation, Potenzierung die beiden indirekten Operationen (Umkehrungen) folgen, zeigt folgende Tabelle:

Stufe	Direkte Operationen	Indirekte Operationen	Gesucht
I	Addition: $6+3=9$	Subtraktion: $9-3=6$	Augendus
		Subtraktion: $9-6=3$	Inkrement
II	Multiplikation: $6\cdot 3=18$	Division: $18:3=6$	Multiplikandus
		Division: $18:6=3$	Multiplikator
III	Potenzierung: $6^3=6\cdot 6\cdot 6=216$	Radizierung: $\sqrt[3]{216}=6$	Basis
		Logarithmierung: $\log^6 216=3$	Exponent

§ 39_1.

Arithmetische Reihen und ihre Anwendung.*)

$$\text{I)}\ z = a + (n-1)d$$
$$\text{II)}\ s = \tfrac{1}{2}(a+z)$$
$$\text{III)}\ s = na + \tfrac{1}{2}n(n-1)d.$$

Summe s gesucht.

1) $a=17, z=4347, n=200, s=?$ 2) $a=14, n=50, d=6, s=?$
3) $z=5,\ n=20,\ d=-7,\ s=?$ 4) $z=108, a=8, d=5, s=?$
5) Wieviel Schläge läßt eine Uhr, die nur die vollen Stunden schlägt, im Laufe von 24 Stunden erschallen?
6) Wie groß ist die Summe aller durch 3 teilbaren Zahlen a) von 1 bis 200, b) von 100 bis 1000, c) von 1 bis 3n?
7) Ein im luftleeren Raum frei fallender Körper fällt in der ersten Sekunde ungefähr 4,9 *m*, in jeder folgenden Sekunde dann 9,8 *m* mehr, als in der vorhergehenden. Welchen Raum durchfällt hiernach ein Körper in 6 Sekunden?
8) Ein Rechenlehrer gab seinen Schülern auf, sie sollten zwanzig Zahlen, von denen je zwei aufeinanderfolgende um 5 verschieden waren, summieren und dabei 180 als erste Zahl wählen. Die Schüler brachten zwei ganz verschiedene Resultate, weil die einen 180 als die größte der 20 Zahlen, die andern 180 als die kleinste der 20 Zahlen angenommen hatten. Um wieviel unterschieden sich die Resultate?

*) Dieser § kann auch vor den Potenzen, Wurzeln und Logarithmen durchgenommen werden, und gehört deshalb in der „Sammlung" zum ersten Heft (§ 26).

Differenz d gesucht.

9) a=8, z=2738, n=11, d=? 10) a=4, n=6, s=69, d=?
11) z = 176, n = 10, s = 260, d = ?
12) a = 11, z = 175, s = 3906, d = ?
13) Ein Handwerker sammelte sich dadurch ein kleines Kapital, daß er eine jährlich gleichmäßig steigende Summe zurücklegte. Da im sechsten Jahre diese Summe 150 ℳ betrug, so belief sich die Gesamt-Ersparnis der ersten 6 Jahre auf 600 ℳ. Um wieviel vermehrte er jährlich seine Ersparnis?

Letztes Glied z gesucht.

14) a=100, d=11, n=21, z=? 15) a=75, s=5026, n=14, z=?
16) s = 775, n = 31, d = 15, z = ?
17) Wie hoch ist im Jahre 1884 das Gehalt eines Buchhalters, welcher 1859 mit einem Anfangsgehalte von 2700 ℳ angestellt wurde, und alljährlich 150 ℳ Zulage erhielt?
18) Im Jahre 1882 gab es in Königsberg, Freiburg, Greifswald, Erlangen und Gießen zusammen 3375 Studenten, und zwar in Königsberg 100 mehr als in Freiburg, 200 mehr als in Greifswald, 300 mehr als in Erlangen, und 400 mehr als in Gießen. Wieviel Studenten besaß hiernach Königsberg?

Anfangsglied a gesucht.

19) z=270, n=11, d=7, a=? 20) s=4030, n=13, z=80, a=?
21) s = 3910, n = 17, d = 0,25, a = ?
22) Ein Knabe baute ein Kartenhaus von 4 Stockwerken. Er brauchte zu jedem Stockwerk und seiner Überdachung drei Karten weniger, als zu dem unmittelbar darunter befindlichen Stockwerke. Schließlich behielt er von dem 52 Karten enthaltenden Spiele nur 2 Karten übrig. a) Wieviel Karten hat er zu dem obersten Stockwerke nebst Überdachung nehmen müssen? b) Wieviel Karten hatte er anfänglich unten zu je zweien zusammengestellt (ohne Überdachung)?

Anzahl n der Glieder gesucht.

23) a = 19, z = 181, s = 8700, n = ?
24) a = 5, z = 781, d = $\frac{2}{3}$, n = ?
25) Ein Schnellläufer legte in der ersten Stunde seines Dauerlaufes 11 *km*, in der letzten Stunde also nur 6 *km* zurück, da die zunehmende Ermattung ihn zwang, in jeder folgenden

Stunde gleichviel *m* weniger zurückzulegen, als in der vorhergehenden. Im ganzen lief er eine Strecke von 93,5 *km*. Wie lange lief er?

Interpolation.

26) Schalte zwischen 1 und 2 neun Glieder so ein, daß eine arithmetische Reihe entsteht.

27) Interpoliere in gleichen Abständen 21 Glieder zwischen 4 und 246.

28) An einem Sommertage stieg das Thermometer von 6 Uhr morgens bis 2 Uhr nachmittags von 10^0 C. bis 26^0 C. Es soll unter der Annahme, daß die Temperaturzahlen in jeder halben Stunde um gleichviel wuchsen, berechnet werden, wieviel Grad wohl das Thermometer um $6\frac{1}{2}$ Uhr, 7 Uhr, $7\frac{1}{2}$ Uhr u. s. w. bis $1\frac{1}{2}$ Uhr gezeigt habe.

29) Während einer Flut, die $5\frac{1}{4}$ Stunden dauert, steigt bei Cuxhaven die Elbe um 3 *m*. Gieb an, um wieviel *m* die Elbe 4 Stunden nach Eintritt der Flut gestiegen ist, wenn vorausgesetzt wird, daß die während der Flut alle Viertelstunden gemessenen Höhen eine arithmetische Reihe bilden.

Vermischte Aufgaben.

30) Welches ist die 137te ungerade Zahl?

31) Wieviel sechsziffrige Zahlen sind durch 7 teilbar?

32) Wie groß ist die Summe aller nicht durch 4 teilbaren dreiziffrigen Zahlen?

33) Addiert man das zweite, vierte und siebente Glied einer arithmetischen Reihe, so erhält man 71, addiert man das dritte und neunte Glied, so erhält man 64. Berechne das erste Glied und die Differenz der Reihe.

34) Zehn Soldaten, welche eine Schanze zuerst erstürmt hatten, erhielten zur Belohnung Geldgeschenke. Die Zahl der Mark, die jeder bekam, richtete sich nach der Reihenfolge, in welcher sie die Schanze erklommen hatten, indem jeder folgende Soldat eine bestimmte Anzahl Mark weniger erhielt, als der vorhergehende. Der erste und fünfte Soldat erhielten zusammen 180 *M*, der dritte und achte zusammen 155 *M*. Wieviel Mark erhielten alle zehn Soldaten zusammen?

34_1) Begrenzt durch zwei gerade Linien, sind neunzehn Parallelen gezogen, von denen die erste 7 *m*, die letzte 43 *m* lang ist. Um wieviel *m* unterscheiden sich zwei aufeinanderfolgende Parallelen, und wieviel *m* beträgt die Summe aller Parallelen?

35) Es soll ausgedrückt werden:
a) d durch a, n, z; b) d durch a, n, s; c) d durch z, n, s; d) d durch a, z, s; e) a durch z, n, d; f) d durch z, n, s; g) a durch d, n, s; h) z durch a, n, s; i) z durch s, n, d; k) n durch a, z, s; l) n durch a, z, d.

36) Zahlen bilden eine harmonische Progression, wenn ihre reciproken Werte eine arithmetische Progression bilden. a) In der harmonischen Progression 1, $\frac{1}{5}$, $\frac{1}{9}$, $\frac{1}{13}$, $\frac{1}{17}$ ... sollen zwischen $\frac{1}{13}$ und $\frac{1}{17}$ sieben Glieder interpoliert werden. b) Wie heißt das harmonische Mittel zwischen p und q, d. h. das Mittelglied der 3 Glieder enthaltenden harmonischen Progression, deren erstes Glied p und deren letztes Glied q heißt?

37) a) Welche Beziehung besteht immer zwischen drei aufeinanderfolgenden Gliedern a, b, c einer arithmetischen Reihe? b) Wie hängt der Ausdruck „arithmetische Reihe" mit dem Ausdruck „arithmetisches Mittel" zusammen?

38) Jemand setzt in dem Ausdruck $ax + b$ für x der Reihe nach die aufeinanderfolgenden Glieder einer beliebigen, gegebenen arithmetischen Progression, und berechnet nach jeder Einsetzung den Ausdruck $ax + b$. So erhält er eine neue Reihe. Beweise, daß dieselbe eine arithmetische ist.

39) Wie ist der im Französischen übliche Ausdruck „Progression par différence" für arithmetische Reihe zu erklären?

(Die folgenden Aufgaben führen auf quadr. Gleichungen).

40) In einer arithmetischen Reihe ist: a) das letzte Glied $z = 243$, die konstante Differenz $d = 7$ und die Summe aller Glieder $s = 4340$; b) $z = 23\frac{1}{2}$, $d = -1\frac{1}{2}$, $s = 2110$. Wie groß ist das Anfangsglied a und die Anzahl der Glieder n?

41) Drücke bei einer arithmetischen Reihe aus: a) n durch a, d, s; b) n durch z, d, s; c) a durch z, d, s; d) z durch a, d, s.

42) Ein Diener, welcher mit einem anfänglichen Jahreslohn von 200 ℳ engagiert ist und in jedem Jahre 25 ℳ

mehr erhält als im vorhergehenden, hat während einer Reihe von Jahren im ganzen 6200 ℳ Lohn erhalten. a) Wie lange stand er in Diensten? b) Wieviel bekam er im letzten Jahre?

43) Eine Kugel, welche auf einer 50 *m* langen schiefen Ebene herabrollt, legt in der ersten Sekunde 2 *m*, in der zweiten 6 *m*, in der dritten 10 *m* u. s. w. zurück. Wie lange hat sie zu rollen, um die ganze Länge der schiefen Ebene zu durchlaufen?

§ 39_2.

Geometrische Reihen und ihre Anwendung, insbesondere auf die Zinseszins- und Rentenrechnung.

I) $z = aq^{n-1}$; **II)** $s = a \cdot \frac{q^n - 1}{q - 1}$.

III) a ℳ, einmal gezahlt, sind nach n Jahren, durch Zinseszins: aq^n ℳ.

IV) r ℳ, jährlich gezahlt, geben in n Jahren: $r\frac{q^n-1}{q-1}$ ℳ.

---

1) Wie heißt der konstante Quotient bei der geometrischen Reihe: a) 8, 40, 200, 1000, . . ., b) 1, $\frac{1}{2}$, $\frac{1}{4}$, $\frac{1}{8}$, . . ., c) $\frac{1}{2}$, -1, $+2$, -4, . . ., d) $\frac{16}{225}$, $\frac{4}{15}$, 1, $\frac{15}{4}$, . . ., e) $\sqrt{2}$, 2, $2\sqrt{2}$, . . ., f) 1, $1-\sqrt{2}$, $3-2\sqrt{2}$, $7-5\sqrt{2}$, . . ?

2) Schreibe die ersten sechs Glieder der Progression, welche mit 2 anfängt, und deren konstanter Quotient: a) $3\frac{1}{2}$, b) -1, c) $\frac{1}{4}$, d) $-0{,}1$ ist.

3) Setze die geometrische Reihe fort, deren erste Glieder sind: a) 4 u. 5, b) 3,2 u. 1,6, c) $4\frac{1}{5}$ u. $1\frac{2}{5}$, d) $-\frac{1}{2}$ u. $+\frac{1}{8}$, e) $-\frac{1}{2}$ u. $-\frac{1}{8}$, f) a u. 3a, g) a u. a : b, h) a u. a + b.

4) Welche von den in Nr. 2 und Nr. 3 genannten Reihen sind fallend?

5) Beweise, daß jedes Glied einer geometrischen Reihe das geometrische Mittel seiner beiden Nachbar-Glieder ist.

5_1) Beweise, daß bei einer geometrischen Reihe das Produkt zweier von der Mitte gleichweit abstehenden Glieder immer dasselbe bleibt.

6) Wie heißt das zwölfte Glied der Reihe, deren Anfangsglied a gleich $\frac{1}{4}$ ist, und deren konstanter Quotient q gleich 2 ist?

7) Berechne logarithmisch das zwanzigste Glied für: a) $a = 1$, $q = 1\frac{1}{2}$, b) $a = 7$, $q = 0{,}8$, c) $a = 0{,}4$, $q = 1{,}03$, d) $a = 11\frac{1}{2}$, $q = -0{,}73$.

8) Von einer geometrischen Reihe, die nur positive Glieder hat, ist das siebente Glied gleich 34, und das Anfangsglied a) $a = 4$, b) $a = 11$, c) $a = 1{,}87$, d) $a = 100$. Wie groß ist der konstante Quotient?

9) Das zweite Glied einer Reihe ist -1, das dritte $+1$. Wie heißt a) das 53te Glied, b) das (2m)-te Glied, c) das $(2m + 1)$-te Glied?

10) Wie groß ist das Anfangsglied a, wenn das siebente Glied gleich 7 und das achte Glied gleich 8 ist?

11) Das wievielte Glied einer Reihe, die mit 3 anfängt, und deren viertes Glied 81 ist, beträgt: a) 2187? b) 177147?

12) Wie groß ist die Summe der ersten 10 Glieder einer Reihe, bei welcher a) $a = 1$, $q = 2$, b) $a = \frac{3}{4}$, $q = \frac{2}{3}$, c) $a = 1024$, $q = 1{,}5$ ist?

13) Wieviel Glieder hat die Reihe, deren beide letzte Glieder 2430 und 7290 heißen, und deren Summe 10930 ist?

14) Wie leitet man die Formel für die Summe einer geometrischen Reihe (F. II) mit Hilfe der Divisionsformel für $\frac{x^n - y^n}{x - y}$ (§ 35, Nr. 67a) ab?

15) Summiere nach der Formel II: a) $1 + p + p^2 + \ldots + p^{11}$, b) $1 - p + p^2 - p^3 + \ldots - p^{21}$, c) $a^{20} + a^{19}b + a^{18}b^2 + \ldots + b^{20}$, d) $a^{34} - a^{33}b + \ldots + b^{34}$, e) $\sqrt[3]{p^2} + p + p\sqrt[3]{p} + \ldots + p^{33}$.

16) Wie groß ist die Summe s einer Reihe, bei welcher das erste Glied $a = 1$, das letzte Glied $z = 5$, und der konstante Quotient $q = 1{,}1$ ist?

17) Welche Formeln hier entsprechen den Formeln I, II, III in § 39_1?

18) Stelle die Formel auf, welche ausdrückt: a) a durch z, q, n, b) a durch s, q, n, c) a durch s, z, q, d) z durch s, q, n, e) z durch s, a, q, f) q durch a, z, n, g) n durch s, z, a.

19) Berechne logarithmisch die beiden übrigen von den fünf Zahlen a, z, q, n, s, wenn gegeben sind: a) $z = 20$, $q = 3$, $n = 4$, b) $s = 7000$, $q = 2$, $n = 13$, c) $s = 327670$, $z = 163840$,

$q = 2$, d) $s = 33{,}3$, $q = 3$, $n = 3$, e) $s = 327670$, $a = 10$, $q = 2$, f) $a = 6$, $z = 23$, $n = 17$, g) $z = 163840$, $s = 327670$, $a = 10$.

20) Schalte zwischen 6 und 1536 sieben Glieder so ein, daß eine geometrische Reihe von 9 Gliedern entsteht.

21) Bei der gleichschwebenden Temperatur liegen zwischen jedem Tone und seiner Oktave, d. h. demjenigen Tone, der auf doppelt so viel Schwingungen beruht, elf Interpolations-Töne derartig, daß die Schwingungszahlen der dreizehn Töne eine geometrische Reihe bilden. Welches ist der konstante Quotient dieser Reihe?

22) Wie heißt die geometrische Reihe, bei welcher die Summe aus dem ersten und dritten Gliede 24 beträgt, und die Summe aus dem dritten und fünften Gliede gleich 384 ist?

23) In einer geometrischen Reihe von 8 Gliedern beträgt das Produkt des ersten und achten Gliedes 4374, die Summe des vierten und fünften Gliedes 135. Wie groß ist die Summe aller acht Glieder? (Beachte, daß auch das Produkt des vierten und fünften Gliedes bekannt ist, weil es gleich dem Produkt des ersten und achten ist.)

24) Nach arabischen Berichten soll der Erfinder des Schachspiels Sessa Ebn Daher sich bei einem Könige von Indien als Belohnung die Summe aller Weizenkörner erbeten haben, die sich ergiebt, wenn man auf das erste Feld des aus 64 Feldern bestehenden Schachbretts 1 Korn, auf das zweite 2 Körner, auf das dritte 4 Körner, auf das vierte 8 Körner u. s. w. legte. a) Wieviel Kubikkilometer würden diese sämtlichen Weizenkörner einnehmen, wenn auf jedes *ccm* 15 Körner gerechnet werden? b) Wieviel Jahre müßte eine Million Menschen arbeiten, um sämtliche Körner mit den Händen auszustreuen, selbst wenn man annähme, daß jeder Mensch durchschnittlich in jeder Sekunde hundert Körner ausstreuen könnte?

25) Jemand sät 10 *hl* Weizen, um mehrere Jahre hindurch die ganze Ernte als Aussaat zu verwenden. Er erzielt auf diese Weise nach Ablauf von 6 Jahren eine Ernte von 40960 *hl*. Wieviel mal soviel betrug durchschnittlich die Ernte als die Aussaat?

26) Man nehme an, die Nachricht von einem Morde, der um 9 Uhr morgens geschehen ist, finde dadurch Verbreitung, daß der Entdecker des Mordes die Nachricht darüber innerhalb einer Viertelstunde drei Personen mitteilt, daß jede von diesen drei Personen innerhalb der nächsten Viertelstunde wieder drei Personen findet, denen sie die ihnen noch unbekannte Neuigkeit mitteilt, und daß dieses Verfahren immer weiter fortgesetzt werden könnte. Um welche Zeit schon würde die Nachricht allen 1300 Millionen, die Erde bewohnenden Menschen bekannt sein?

27) Nach wieviel Kolbenzügen müßte bei einer Luftpumpe, deren Rezipient viermal so groß ist wie der Stiefel, die Luft bis zu 0,2097152 ihrer anfänglichen Dichte verdünnt sein, wenn angenommen wird, daß die Verdünnung nur von dem Verhältnis des Volumens des Rezipienten zum Gesamt-Volumen von Rezipient und Stiefel abhängt?

28) Die Barometerstände nehmen in geometrischer Progression ab, wenn die Höhen der Beobachtungsörter über dem Meeresspiegel in arithmetischer Progression zunehmen. Wie hoch stand hiernach das Barometer in der Höhe von k *m*, wenn es b *mm* in der Höhe von h*m*, b′ *mm* in der Höhe von h′ *m* zeigte?

---

29) Summiere: $1 + \frac{1}{2} + \frac{1}{4} + \frac{1}{8} + \ldots$, a) bis $\frac{1}{4096}$, b) bis $\frac{1}{8192}$, c) bis ins Unendliche.

30) Berechne: a) $1 - \frac{1}{2} + \frac{1}{4} - \frac{1}{8} + \ldots$ ad inf., b) $3 + 2{,}4 + 1{,}92 + \ldots$, c) $a + 0{,}1 \cdot a + 0{,}01 \cdot a + \ldots$, d) $8 - 4\sqrt{2} + 4 - 2\sqrt{2} + 2 \ldots$

30₁) Um wieviel unterscheidet sich $1 : (1 - x)$ von $1 + x + x^2 + \ldots x^n$?

31) Wie heißt das vierte Glied der unendlichen geometrischen Reihe, deren Anfangsglied 100 ist, und deren Summe 1000 beträgt?

32) Der gemeine Bruch, welcher gleich dem periodischen Dezimalbruche a) 0,888 ..., b) $0,\overline{27}$, c) $0,\overline{432}$ ist, soll nach der Summenformel für eine unendliche geometrische Reihe berechnet werden.

33) Was giebt $1 - x + x^2 - x^3 + \ldots$ für $x < 1$?

34) Welches Zeichen ist für die Summe einer steigenden geo-

metrischen Reihe von unendlich vielen Gliedern zu setzen?

35) Wenn man von einem Punkte des einen Schenkels eines Winkels von 60° auf den andern Schenkel das Lot fällt, vom erhaltenen Fußpunkte wieder zum ersten Schenkel das Lot fällt, und sich diese Konstruktion unaufhörlich fortgesetzt denkt, so ergiebt sich, daß das erste Lot gleich der Summe der unzählig vielen folgenden Lote ist. Warum?

35_1) Wenn man die Strecke AB über B hinaus um die Hälfte bis C verlängert, dann die Strecke BC über C hinaus um ihre Hälfte bis D verlängert, und dieses Verfahren unaufhörlich fortsetzt, welchem Punkte auf der Verlängerung von AB strebt man dann zu, ohne ihn je zu erreichen?

36) Das Sophisma des Zenon von Elea (um 450 vor Chr. G.) lautet: „Achilles fängt an, eine Schildkröte zu verfolgen, die einen Vorsprung von 1 Stadium hat. Achilles läuft so schnell, daß er in jeder Sekunde $\frac{1}{100}$ Stadium zurücklegt, die Schildkröte so langsam, daß sie in jeder Sekunde nur $\frac{1}{1000}$ Stadium vorwärts kommt. Wenn Achilles dahin kommt, wo die Schildkröte zuerst war, so ist letztere um $\frac{1}{10}$ Stadium vorauf. Hat Achilles diese kleine Strecke von $\frac{1}{10}$ Stadium durchlaufen, so ist die Schildkröte um $\frac{1}{100}$ Stadium vorauf u. s. w. Folglich kann Achilles die Schildkröte nie erreichen, da sie ihm immer vorauf ist.“ Zeige, daß Achilles die Schildkröte nach $111\frac{1}{9}$ Sekunde einholt: a) Durch Auflösung einer Gleichung, in welcher die Differenz zwischen dem Wege des Achilles und dem der Schildkröte gleich 1 Stadium gesetzt wird; b) durch Summierung der Zeiten, in welchen Achilles 1 St., $\frac{1}{10}$ St., $\frac{1}{100}$ St. u. s. w. zurücklegt. (Der Fehlschluß des Zeno liegt in den Worten „folglich nie“, denn eine Summe von unendlich vielen Zeiträumen, die eine fallende geometrische Reihe bilden, ist nicht unendlich groß.)

37) Bestimme nach dem Vorbilde der Ableitung von Formel II die Summe von a) $x + 2x^2 + 3x^3 \ldots nx^n$, b) $x + 2x^2 + 3x^3 + \ldots$ ad inf., c) $1 - 3x + 5x^2 - 7x^3 + 9x^4 - \ldots$ ad inf., d) $a + (a + d)x + (a + 2d)x^2 + \ldots$ ad inf., e) $1 + \frac{2}{x} + \frac{4}{x^2} + \frac{6}{x^3} + \ldots$ ad inf., f) $1 + 4x^2 + 9x^4 + 16x^6 + 25x^8 \ldots$ ad inf.

38) Wie groß ist der Vermehrungsfaktor q, wenn die Prozentzahl p a) $3\frac{1}{2}$, b) $4\frac{3}{4}$, c) $10\frac{1}{2}$ beträgt?

38_1) Bei wieviel Prozent ist der Vermehrungsfaktor q gleich a) 1,03, b) 1,035, c) 1,0575, d) 1,1, e) 1,183?

38_2) In Griechenland war es üblich, von einer Mine 60 Obolen Zinsen zu nehmen. Wieviel beträgt der zugehörige Vermehrungsfaktor?

39) Wieviel wird durch Zinseszins in 10 Jahren: a) aus 700 ℳ bei 5 %, b) aus 500 ℳ bei 7 %, c) aus 600 ℳ bei 6 %?

40) Ein Knabe erhielt als Pathengeschenk eine Summe von tausend Mark, welche zu 4 % angelegt wurde, damit ihm später durch Hinzufügung von Zins und Zinseszins ein kleiner Reservefond zur Verfügung stände. Wieviel konnte ihm ausgezahlt werden, als er nach vollendetem sechszehnten Jahre konfirmiert wurde?

41) Eine Bank, welche für ein ihr auf Zinseszins anvertrautes Kapital von 15650 ℳ 3 % berechnet, legt dieses Kapital nebst seinen Zinsen fortdauernd zwölf Jahre und zwei Monate hindurch in Industrie-Unternehmungen an, die 7 % abwerfen. Wieviel hat die Bank nach Ablauf dieser Zeit an dem Kapital gewonnen?

42) Der gegenwärtige Bestand eines Waldes wird zu 25000 *cbm* abgeschätzt. Wie groß ist derselbe nach 10 Jahren, vorausgesetzt, daß in dieser Zeit kein Holz gefällt wird, und daß jährlich auf je 100 *cbm* 2 *cbm* zuwachsen?

43) Ein Kaufmann besitzt einen Vorrat von unverfälschtem Kaffee, von dem er das *kg* zu 2 ℳ verkauft, außerdem einen Vorrat Surrogat, von dem er das *kg* zu 60 Pf. verkauft. Um aus dem Kaffee und dem Surrogat zehn Mittelsorten herzustellen, mischt er 80 Teile Kaffee mit 50 Teilen Surrogat, hierauf 80 Teile des Gemisches wieder mit 50 Teilen Surrogat, und wiederholt dieses Verfahren noch so oft, daß er 10 Sorten Mischung erhält. Zu welchem Preise kann er a) die fünf-beste Mischung, b) die schlechteste Mischung verkaufen?

44) Ein Kapital steht 100 Jahre lang zu 5 % auf Zinseszins. Wievielmal so groß ist es nach Ablauf der 100 Jahre geworden?

45) Die Staatsschulden des deutschen Reiches betrugen am

1. Januar 1883 etwa 14 Millionen Mark. Wieviel würde aus dieser Summe bis zum 1. Januar 1900 bei $3\frac{3}{4}\,\%$ werden, wenn bis dahin keine neuen Schulden entständen, aber auch keine Amortisation stattfände?

46) Wenn man annimmt, daß die Bevölkerungszahl Londons in geometrischer Progression steigt, und die Einwohnerzahlen von 1801 und von 1871 ins Auge faßt, so ergiebt sich eine jährliche Zunahme von 1,78 Prozent. Nun hatte London im Jahre 1801 960000 Einwohner. Wieviel also im Jahre 1871?

47) Welche Summe hätte Napoleon III. bei seiner Krönung am 2. Dezember 1852 auf fünfprozentigen Zinseszins legen müssen, damit Frankreich davon am 2. Dezember 1871 die Kriegsschulden im Betrage von 5 Milliarden Franks hätte bezahlen können?

48) Wie groß ist der Barwert einer erst in 5 Jahren zahlbaren Schuld von 3684 ℳ 50 ₰ bei $3\,\%$?

49) Für die zehnjährige Pacht einer Jagd bietet A 1300 ℳ bar, B 1600 ℳ nach drei Jahren ohne Zinsen zahlbar, C 1700 ℳ nach fünf Jahren ohne Zinsen zahlbar. Wer bietet am meisten, vorausgesetzt, daß 5 Prozent gerechnet werden?

50) Bei wieviel Prozent werden in 14 Jahren aus 1000 ℳ durch Zinseszins: a) 2000 ℳ, b) 2100 ℳ, c) 2200 ℳ?

51) Wieviel Prozent rechnet eine Vorschuß-Möbelhandlung, welche an Jemand für 650 ℳ Möbel verkaufte, und sich dafür einen Wechsel auf 1000 ℳ, nach vier Jahren zahlbar, ausstellen ließ?

51_1) Ein Kaufmann beteiligt sich an einem Aktien-Unternehmen, indem er 30 Aktien à 300 ℳ zum Kurse von 95 kauft. Nachdem er die ersten 4 Jahre gar keine Zinsen erhalten hat, verkauft er die Aktien zum Kurse von 105. Mit wieviel % hat sich sein Geld verzinst?

52) In Berlin stieg die Zahl der Buchhandlungen in den Jahren 1811 bis 1871 von 31 auf 412. Wieviel Prozent betrug der jährliche Zuwachs, vorausgesetzt, daß derselbe in geometrischer Progression stattfand?

53) Bei wieviel Prozent verhundertfacht sich ein Kapital in hundert Jahren?

53_1) Bei einer Prozentzahl, durch welche sich ein Kapital in hundert Jahren verhundertfacht (vgl. Nr. 53), wachsen in (100n) Jahren a ℳ zu ($a \cdot 100^n$) ℳ an. Warum?

54) Ein Weinhändler zapft aus einem Fasse, das 50 *l* faßt, und reinen Wein enthält, ein gewisses Quantum ab, und ersetzt den herausgenommenen Wein durch Wasser. Bald darauf zapft er zum zweiten Male dasselbe Quantum von dem nunmehr etwas verdünnten Weine ab, und ersetzt dasselbe sofort wieder durch Wasser. Als er diese Manipulation schließlich zehn Mal angestellt hatte, befanden sich nur noch 45,2191 Liter reinen Weins im Fasse. Wieviel hat er jedesmal abgezapft?

55) In welcher Zeit wird bei 5 Prozent durch Zinseszins aus 100 ℳ: a) 120 ℳ, b) 200 ℳ, c) 1000 ℳ, d) 100000 ℳ?

56) In welcher Zeit vermehrt sich ein Kapital von 3600 ℳ bei 4 Prozent um 2400 ℳ?

57) In welcher Zeit verdoppelt sich ein Kapital a) bei 4%, b) bei $4\frac{1}{2}$%, c) bei 5%, d) $5\frac{1}{2}$%?

58) Von zwei Freunden A und B giebt A 2000 ℳ zu 4%, B 2400 ℳ zu $3\frac{1}{2}$% auf Zinseszinsen. Nach wieviel Jahren ist das Guthaben beider Freunde gleich?

59) In welchem Jahre hätte ein Pfennig bei 4% auf Zinseszins gelegt werden müssen, damit von dem daraus entstandenen Kapital im Jahre 1884 jeder von den 1300 Millionen die Erde bewohnenden Menschen eine Million Mark bekommen könnte?

---

60) Welchen Gesamtwert haben heute über zehn Jahre zehn alljährlich gezahlte Raten von je 100 ℳ, von denen die erste heute über 1 Jahr, die letzte heute über 10 Jahre gezahlt wird, wenn a) 4%, b) $4\frac{3}{4}$%, c) $5\frac{3}{8}$% gerechnet werden?

61) Ein Seemann schickte von 1860 an am Ende jedes Jahres 350 ℳ an eine Sparkasse, die $3\frac{1}{2}$% rechnet, ohne sich je die Zinsen geben zu lassen. Welches Guthaben hatte er im Jahre 1884?

62) Ein Fabrikbesitzer gab alljährlich 1000 ℳ bei 3% auf Zinseszinsen, damit sein Sohn, der studieren sollte, im Alter von 22 Jahren dadurch ein Kapital von 25000 ℳ zur Verfügung hätte. Wie alt war der Sohn, als der Vater für ihn zu sparen anfing?

63) Wieviel muß Jemand vom 1. Januar 1880 ab alle Neujahr bis zum 1. Januar 1890 inkl. zu 5% auf Zinseszinsen geben, um dadurch am 31. Dezember 1890 im Besitze von 10000 ℳ zu sein?

64) Ein 30jähriger Arzt kauft sich bei einer Lebensversicherung ein, die $3\frac{1}{2}$% rechnet, und nach den Sterblichkeitstabellen seine Prämie so berechnet, als wenn er gerade noch 29 Jahre lebte. Wie hoch beläuft sich seine zu Anfang jedes Jahres zu zahlende Prämie, da bei seinem Tode die Gesellschaft verpflichtet ist, seiner Witwe 30000 ℳ auszuzahlen?

---

65) Zu einem Kapital, das 4300 ℳ betrug, wird nach je einem Jahre, im ganzen zwanzigmal 200 ℳ hinzugefügt. Wie groß war dadurch das Kapital bei 5% geworden, als eben die letzten 200 ℳ hinzugefügt waren?

66) Ein junger Offizier läßt sich von seinem Banquier, der sein Vermögen zu 4% verwaltet, vom 1. September 1871 ab alljährlich 10000 ℳ auszahlen. Nachdem er am 1. September 1881 zum elften Male 10000 ℳ empfangen hatte, teilte ihm der Banquier mit, daß nun das Vermögen auf 30000 ℳ reduziert wäre. Wie hoch belief sich das Vermögen des Offiziers am Tage der Schlacht von Sedan?

67) Die Staatsschulden Hamburgs betrugen am 1. Januar 1881 120 Millionen Mark. In welchem Jahre würde diese Summe bei 4% getilgt sein, wenn von 1881 ab am Ende jedes Jahres außer den gewöhnlichen Zinsen von $4\frac{4}{5}$ Millionen Mark noch eine Million Mark zur Amortisierung verwandt werden könnte, und wenn keine neuen Anleihen notwendig würden?

67_1) Verres, der nach den Angaben Ciceros in Sizilien 40 Millionen Sesterzien raubte, hätte gesetzlich $2\frac{1}{2}$ mal soviel Strafe zahlen müssen. Wieviel hätte er jährlich zahlen müssen, um die Strafsumme in 10 Jahren bei 10% abzutragen?

68) Ein Waldbestand soll aus strategischen Rücksichten im Laufe von 20 Jahren vollständig abgeholzt werden. Der gegenwärtige Bestand beträgt 25450 *cbm* Holz. Der jährliche Zuwachs wird auf $2\frac{1}{2}$% geschätzt. Wieviel *cbm* müssen alljährlich geschlagen werden? (Zu berechnen, als wenn nur am Ende des Jahres abgeholzt würde.)

69) Wie groß ist der Barwert einer Rente von 400 ℳ, die bei 6 % 18 Jahre zu laufen hat?

69_1) Eine Jahresrente von 1300 ℳ, die 13 Jahre lang am Ende jedes Jahres fällig ist, soll in eine andere verwandelt werden, die 10 Jahre lang am Anfang jedes Jahres fällig ist. Wieviel beträgt die neue Rente, wenn $5\frac{1}{4}$ % gerechnet werden?

70) In einer von einer Wohlthätigkeits-Gesellschaft gegründeten Arbeiterkolonie kann sich jeder Arbeiter dadurch ein kleines Häuschen als Eigentum erwerben, daß er 15 Jahre lang am Anfang jedes Jahres 250 ℳ zahlt. Wie hoch berechnet die Gesellschaft den Barwert eines Häuschens bei 4 %?

71) Durch Überschuß der Geburten über die Sterbefälle nimmt das Deutsche Reich jetzt jährlich um 3,1 % zu. Es wandern aber durchschnittlich jährlich 76000 Personen mehr aus, als ein. Wie groß wird demnach der Bevölkerungsstand des Deutschen Reiches, der im Jahre 1875 42727360 Einwohner betrug, im Jahre 1900 sein, vorausgesetzt, daß der Vermehrungsfaktor 1,031 und die Auswanderungsziffer 76000 dieselben bleiben?

72) Ein kinderloser Kaufmann hinterläßt ein Vermögen von 300000 ℳ mit der Bestimmung, daß demselben 10 Jahre lang am Anfang jedes Jahres 10000 ℳ für die Erziehung seiner minderjährigen Neffen entnommen werden sollen, daß aber nach Ablauf dieser Zeit das Kapital unverändert bleiben soll, und die Zinsen dauernd zu Universitäts-Stipendien verwandt werden sollen. Wieviel ℳ können alle Jahre zur Verwendung kommen, wenn 5 % gerechnet werden?

73) Ein Beamter, dessen Leben jetzt auf 25 Jahre geschätzt wird, wünscht, daß nach seinem Tode seine Witwe, deren Leben jetzt auf 35 Jahre geschätzt wird, alljährlich 1200 ℳ erhalten soll. Er kauft sich deshalb bei einer Privat-Witwenkasse ein, die 4 % rechnet. Wieviel hat er am Anfang jedes Jahres Beitrag zu zahlen?

74) Wie lange kann einem Kapital von 200000 ℳ am Ende jedes Jahres bei 4 % 12000 ℳ entnommen werden, damit es nach Ablauf dieser Zeit bei 5 % noch zwanzig Jahre lang 10000 ℳ einbringen könne, ehe es vollständig aufgezehrt ist? (Res.: 14,3 Jahre.)

75) Wenn Jemand heute die Pflicht übernimmt, 7 Jahre lang nach je einem Jahre 1000 ℳ zu zahlen, also heute über 1 Jahr zum ersten, heute über 7 Jahre zum letzten Male, so ist der Kaufpreis dieser Verpflichtung bei Berechnung von Zinseszinsen heute weniger, über 7 Jahre aber mehr als siebenmal tausend Mark. Es muß also in der Zwischenzeit einen Zeitpunkt geben, bei welcher die Verpflichtung gerade 7000 ℳ wert ist. Wann ist dies a) für 4 %, b) für $4\frac{1}{2}$, c) für 5 %?

---

76) Ein am 1. April 1873 eingezahltes Kapital von 65300 ℳ wurde bei Anrechnung von $5\frac{1}{2}$ % a) am 1. Juli 1874, b) am 1. Februar 1875, c) am 25. Dezember 1876 wieder ausgezahlt. Wieviel ℳ mußte an jedem dieser Termine gezahlt werden? (Setze in die gewöhnliche Formel für n den aus der Tageszahl sich ergebenden Jahrbuch.)

77) Jemand giebt 40000 ℳ zu 4 %, und 20000 ℳ zu $6\frac{1}{2}$ % auf Zinseszinsen. Nach wieviel Jahren haben beide Kapitalien gleichen Wert?

78) Zwei Kapitalien, von denen das eine 300 ℳ größer ist, als das andere, wachsen in 10 Jahren bei 4 % so an, daß ihre Summe 30000 ℳ beträgt. Gieb die anfänglichen Werte der beiden Kapitalien an.

79) Was wird aus 1000 ℳ in 10 Jahren bei 5 %, wenn die Zinsen: a) jährlich, b) vierteljährlich, c) monatlich zum Kapital geschlagen werden?

80) Welches ist der Barwert einer Rente von 1000 ℳ, die 10 Jahre lang bei 5 % gezahlt wird, wenn die Zinsen: a) jährlich, b) vierteljährlich zum Kapital hinzugefügt werden?

81) In wieviel Jahren verdoppelt sich ein Kapital bei 5 %, wenn die Zinsen: a) jährlich, b) monatlich, c) täglich zum Kapital geschlagen werden?

82) In einer Stadt beträgt der Überschuß der Geborenen über die Gestorbenen wöchentlich durchschnittlich 0,02 Prozent. Wieviel Prozent also im Jahre (gleich 52 Wochen)?

83) Wie groß ist der Barwert einer Schuld von 4000 ℳ, die bei 5 % nach je 3 Jahren viermal im Betrage von 1000 ℳ zahlbar ist?

84) Ein Universitätsprofessor wird gleichzeitig an zwei Universitäten gerufen. Die erste bietet ihm zwar nur 4000 ℳ Gehalt, dafür aber die Aussicht, 1200 ℳ Kollegiengelder jährlich einzunehmen. Die zweite bietet ihm 4500 ℳ und die Aussicht, sowohl alljährlich 500 ℳ Kollegien-Honorar einzunehmen, wie auch im 9. und 17. Jahre Rektor zu werden, und dadurch eine Mehr-Einnahme von 2000 ℳ zu erhalten. Welchem Rufe hat er Folge zu leisten, wenn nur pekuniäre Gründe entscheiden sollen, wenn 5 % gerechnet werden, wenn die Einnahme immer am Ende jedes Jahres gedacht wird, und wenn er beide Stellungen 17 Jahre inne zu haben gedenkt?

85) Zu wieviel Prozent steht ein Kapital von k ℳ, das in n Jahren zu $(k + k')$ ℳ anwächst?

86) a) Nach wieviel Jahren werden bei p % aus k ℳ k′ ℳ, wenn jährlich r ℳ fortgenommen werden? b) Wie spricht man in dem Falle, wo $k' = 0$ ist, die in a) gestellte Frage am besten aus?

87) Wann kann für eine n Jahre laufende Jahresrente von r ℳ bei p % (nr) ℳ gezahlt werden?

88) Jemand will n Jahre hindurch zu Anfang jedes Jahres r ℳ einzahlen, damit er nach Ablauf der n Jahre $(n:f)$ Jahre hindurch am Ende jedes Jahres $(f \cdot r)$ ℳ genießen kann. Wieviel hat er jährlich einzuzahlen, wenn p % gerechnet werden?

89) Entwickele die Formel für den Barwert einer ewigen Rente:

a) aus $b = \frac{r}{q-1} \cdot \left(1 - \frac{1}{q^n}\right)$ für $n = \infty$, b) aus der gewöhnlichen Zinsrechnung.

90) Wie groß ist bei 5 % der Barwert eines Waldes, der dauernd jährlich 5000 ℳ einbringt?

91) Eine Gemeinde hat die Verpflichtung, die zu ihrem Gebiete gehörigen Wege in Stand zu halten, und muß zu diesem Zweck alle 4 Jahre 450 ℳ verausgaben. Sie wünscht, die Verpflichtung dem Staate zu übertragen. Wieviel kann der Staat bei 5 % dafür verlangen?

92) Milet hatte an Athen jährlich 10 Talente Tribut zu zahlen. Mit wieviel Talenten hätte diese Bundesgenossen-Pflicht bei Anrechnung von 10 % abgelöst werden können?

Inhalts-Verzeichnis.

Fünfter Abschnitt: Quadratisches.

Seite

§ 27. Das Quadrieren und seine Umkehrung . 105

§ 28. Einfache quadratische Gleichungen 111

§ 29. Dritte Erweiterung des Zahlengebiets (Irrationale Zahlen), Rechnen mit irrationalen Quadratwurzeln 115

§ 30. Vierte Erweiterung des Zahlengebiets (Imaginäre Zahlen) . 122

§ 31. Quadratische Gleichungen mit einer Unbekannten in arithmetischer Sprache, teilweise mit irrationalen und imaginären Wurzeln 125

§ 32. Eingekleidete quadratische Gleichungen mit einer Unbekannten 132

§ 33. Quadratische Gleichungen mit mehreren Unbekannten in arithmetischer Sprache 137

§ 34. Eingekleidete quadratische Gleichungen mit mehreren Unbekannten . 143

Sechster Abschnitt: Die drei Operationen dritter Stufe, sowie arithmetische und geometrische Reihen.

§ 35. Potenzen mit ganzzahligen Exponenten . 150

§ 36. Wurzeln 155

§ 37. Potenzen mit gebrochenen und irrationalen Exponenten 163

§ 38. Logarithmen 167

§ 39_1. Arithmetische Reihen und ihre Anwendung*) 178

§ 39_2. Geometrische Reihen und ihre Anwendung, insbesondere auf die Zinseszins- und Rentenrechnung**) . . 182

*) In den Resultaten unter § 26.

**) In den Resultaten unter § 39.

Das erste Heft der „Aufgaben“ enthielt:

Erster Abschnitt: Einführung in die arithmetische Sprache.

Seite

§ 1. Die vier Species in arithmetischer Sprache 1
§ 2. Reihenfolge der Rechengeschäfte 4
§ 3. Buchstaben-Ausdrücke 8
§ 4. Buchstaben-Gleichungen 13

Zweiter Abschnitt: Operationen erster Stufe.

§ 5. Begriff der Zahl 17
§ 6. Begriff der Addition 20
§ 7. Begriff der Subtraktion 22
§ 8. Gesetze der ersten Stufe 25
§ 9. Erste Erweiterung des Zahlengebietes (Null und negative Zahlen) 27

Dritter Abschnitt: Operationen zweiter Stufe.

§ 10. Begriff der Multiplikation 32
§ 11. Begriff der Division 39
§ 12. Gesetze der zweiten Stufe 43
§ 13. Zweite Erweiterung des Zahlengebiets (Gebrochene Zahlen) 50

Vierter Abschnitt: Anwendungen der Gesetze der Operationen erster und zweiter Stufe.

§ 14. Wichtige Verwandelungsformeln 58
§ 15. Die Haupt-Form der Ausdrücke 62
§ 16. Proportionen 65
§ 17. Eigenschaften der natürlichen Zahlen 69
§ 19. Dezimalbrüche 72
§ 21. Gleichungen ersten Grades mit einer Unbekannten in arithmetischer Sprache 75
§ 22. Eingekleidete Gleichungen ersten Grades mit einer Unbekannten 81
§ 23. Gleichungen ersten Grades mit mehreren Unbekannten in arithmetischer Sprache 92
§ 24. Eingekleidete Gleichungen ersten Grades mit mehreren Unbekannten 98

Druck von Edmund Stein in Potsdam.

Druck von Edmund Stein in Potsdam.

FSC
www.fsc.org
MIX
Papier | Fördert gute Waldnutzung
FSC® C083411

Kolibri 360 GmbH
Ferdinand-Jühlke-Straße 7
99095 Erfurt, Deutschland
produktsicherheit@kolibri360.de